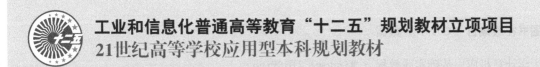

工业和信息化普通高等教育"十二五"规划教材立项项目

21世纪高等学校应用型本科规划教材

大学计算机应用基础实践教程

（Windows 7+Office 2013）

Experiments on Fundamentals of Computer Application

主　编　姜文波

副主编　樊宇

编　著　李凯敏　徐立国　齐　赫　吴　松

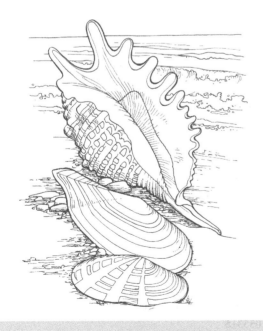

高校系列

人民邮电出版社

北京

图书在版编目（ＣＩＰ）数据

大学计算机应用基础实践教程：Windows 7+Office
2013 / 姜文波主编. -- 北京：人民邮电出版社，
2016.9（2020.1重印）
ISBN 978-7-115-43396-1

Ⅰ. ①大… Ⅱ. ①姜… Ⅲ. ①Windows操作系统—高
等学校—教材②办公自动化—应用软件—高等学校—教材
Ⅳ. ①TP316.7②TP317.1

中国版本图书馆CIP数据核字(2016)第206699号

内 容 提 要

本书是《大学计算机应用基础（Windows 7+Office 2013)》一书的配套实践教材。

全书共9章，内容包括 Windows 7 操作系统实验、Office Word 2013 文字处理软件实验、Excel 2013 电子表格软件实验、PowerPoint 2013 演示文稿软件实验、Visio 2013 流程图绘制软件实验、计算机网络和信息安全实验、多媒体技术基础知识实验、数据库基础实验、选择题题库及其参考答案。

本书适合作为高等学校应用型本科各专业的计算机基础必修课程的配套教学用书。

◆ 主　　编　姜文波
　　副主编　樊　宇
　　编　著　李凯敏　徐立国　齐　赫　吴　松
　　责任编辑　邹文波
　　责任印制　沈　蓉　彭志环

◆ 人民邮电出版社出版发行　　北京市丰台区成寿寺路 11 号
　　邮编　100164　电子邮件　315@ptpress.com.cn
　　网址　http://www.ptpress.com.cn
　　北京捷迅佳彩印刷有限公司印刷

◆ 开本：787×1092　1/16
　　印张：9.5　　　　　　　　　2016 年 9 月第 1 版
　　字数：247 千字　　　　　　2020 年 1 月北京第 9 次印刷

定价：29.80 元

读者服务热线：(010)81055256　印装质量热线：(010)81055316
反盗版热线：(010)81055315
广告经营许可证：京东工商广登字 20170147 号

前言

本书是《大学计算机应用基础（Windows 7+Office 2013）》一书配套的实践教材。

全书根据高等学校应用型本科教学的实际情况，精选 33 个计算机相关技能训练项目，力争使学生较好地掌握计算机的基础知识和基本操作技能。其中，Windows 7 操作系统有 5 个实验，Microsoft Office 2013 软件的操作方法有 12 个实验，Microsoft Visio 2013 流程图绘制软件有 4 个实验，计算机网络和信息安全有 4 个实验，多媒体技术基础知识有 4 个实验，数据库基础有 4 个实验。此外，为巩固学生所学知识，本书还增加了一章选择题题库。

本书实验项目均具有较好的应用价值，既结合了当前计算机软件应用与操作，又结合了我国计算机等级考试需要及政府、企事业单位办公管理需要，还结合了应用型本科实际教学需要，同时涉及大学生大学期间及大学毕业后可能应用的方面，从而使本书更具有针对性、实用性、综合性。在实验项目设计过程中，全书充分体现设计美学，体现计算机软件的精用与巧用，从而全面提高大学计算机素质教育，加强培养大学生计算机基础应用与实践操作能力。

根据"大学计算机应用基础"课程的教学实践，建议该课程实验教学总学时数为 18 学时。

本书由姜文波任主编，樊宇任副主编，参与编著的老师还有李凯敏、徐立国、齐赫、吴松等。

编　者

2016 年 8 月

目　录

第 1 章　Windows 7 操作系统实验·····1

实验一　Windows 7 的基本操作·······1
实验二　文件及文件夹操作·····6
实验三　防火墙的设置·····13
实验四　Windows 7 执行 DOS 命令·····17
实验五　账户设置与程序卸载·····21

第 2 章　Office Word 2013 文字
　　　　处理软件实验·····24

实验一　宣传海报的制作·····24
实验二　毕业论文排版·····28
实验三　邮件合并·····32
实验四　精美简历的制作·····34

第 3 章　Excel 2013 电子表格
　　　　软件实验·····39

实验一　Excel 2013 电子表格基本操作·····39
实验二　公式和函数的使用·····43
实验三　数据管理和分析·····45
实验四　图表和数据透视表的建立与编辑·····50

第 4 章　PowerPoint 2013 演示文稿
　　　　软件实验·····56

实验一　策划方案·····56
实验二　计算机课件的制作·····60
实验三　某酒店员工入职培训·····63
实验四　神舟十号幻灯片制作·····66

第 5 章　Visio 2013 流程图绘制
　　　　软件实验·····70

实验一　网站建设流程图的制作·····70
实验二　考研时间安排表的制作·····73
实验三　学时表的制作·····76
实验四　企业内勤工作进度表的制作·····80

第 6 章　计算机网络和信息安全
　　　　实验·····83

实验一　IE 浏览器的使用·····83
实验二　使用 Outlook 2013 收发邮件·····85
实验三　设置 Windows 网络共享·····88
实验四　测试网络的连通性·····90

第 7 章　多媒体技术基础知识实验·····92

实验一　Adobe Audition CC 2015 基本
　　　　操作·····92
实验二　Adobe Photoshop CS6 基本
　　　　操作·····95
实验三　Adobe Flash CS5 基本操作·····105
实验四　Adobe Premiere CS3 视频编辑
　　　　操作·····111

第 8 章　数据库基础实验·····116

实验一　数据库及表的操作·····116
实验二　数据库查询·····123
实验三　窗体·····126
实验四　报表·····128

第9章 选择题题库 ·······················132

第一节 Windows 7 操作系统 ················132

第二节 Office Word 2013 文字处理软件····133

第三节 Excel 2013 电子表格软件 ···········135

第四节 PowerPoint 2013 演示文稿软件·····137

第五节 Visio 2013 流程图绘制软件········138

第六节 计算机网络和信息安全 ············140

第七节 多媒体技术基础知识 ··············142

第八节 数据库基础 ·······················144

附录 选择题题库参考答案···············146

第1章
Windows 7 操作系统实验

实验一　Windows 7 的基本操作

一、实验目的

1. 熟悉 Windows 7 的桌面、图标、窗口等组成。
2. 掌握 Windows 7 的基本操作。

二、实验内容及要求

1. Windows 7 的启动和退出。
2. 鼠标操作：单击左键、单击右键、双击、拖曳等操作。
3. 窗口、菜单、工具栏、对话框、任务栏的基本操作。

三、实验步骤

1. Windows 7 的启动和退出

（1）启动。先按下显示器电源开关，给显示器通电，此时显示器指示灯亮起；再开主机电源开关，给主机加电，此时主机箱面板上电源指示灯亮起，计算机自动进行自检和初始化，无误后开始启动 Windows 7，系统自动装载后显示 Windows 7 桌面，如图 1-1 所示。

图 1-1　Windows 7 操作系统界面

（2）关机。首先关闭所有正在运行的应用程序。然后单击"开始"按钮，选择"关机"选项，弹出"关闭计算机"对话框，选择"关闭"选项，最后单击"确定"按钮即可关闭计算机。关机后，主机电源被自动切断，最后按下显示器电源开关，关闭显示器。

（3）注销、锁定、切换用户、睡眠。单击 Windows 7 系统的"开始"菜单，选择"关机"右边的 按钮，在弹出的菜单中，可以进行注销、锁定、切换用户、睡眠等操作。选择"注销"选项，系统将注销当前用户的登录，重新进入 Windows 7 登录对话框，此时可输入另外的用户账号信息登录系统；选择"睡眠"选项，计算机进入睡眠节能状态。

> **说明**　Windows 7 是多用户操作系统，且每个用户都可以有不同的设置。注销可以让当前用户退出系统，让其他用户使用。"睡眠"是一种节能状态，当用户希望再次开始工作时，可使计算机快速恢复到工作状态（通常在几秒钟之内）。

2. 鼠标操作练习

（1）指向"计算机"图标。

（2）单击"计算机"图标。

（3）单击鼠标右键：在"计算机"图标上单击鼠标右键可以打开快捷菜单。

（4）双击"计算机"图标，可以打开"计算机资源管理器"窗口。

（5）拖曳：将鼠标指向某一对象，如"计算机"图标，按住鼠标左键不放移动至某个位置后，释放鼠标左键，"计算机"图标移动到桌面的新位置，如图 1-2 所示。

图 1-2　拖曳"计算机"图标

3. 窗口基本操作

（1）打开窗口。

方法一：在桌面上双击"计算机"图标，即可打开"计算机"资源管理器窗口。

方法二：在"计算机"图标上单击鼠标右键，在弹出的快捷菜单中选择"打开"命令，也可打开"计算机"窗口。

（2）观察窗口组成。打开的"计算机"窗口如图 1-3 所示，仔细观察和识别窗口的基本组成

图 1-3　"计算机"窗口

（3）最大化和恢复窗口。

①在窗口标题栏的右上角依次排列"最小化""最大化"（或"还原"）"关闭"按钮。单击"最大化"按钮，可以使窗口充满整个屏幕，同时"最大化"按钮变成"还原"按钮。

②单击"还原"按钮，可使窗口恢复为原来的大小，同时"还原"按钮变成"最大化"按钮。

（4）最小化窗口。单击"最小化"按钮，窗口缩小到任务栏图标。在任务栏上，显示着所有打开的窗口的类型图标。

（5）移动窗口位置。当窗口处于非最大化状态时，将鼠标指针对准窗口的"标题栏"，按住鼠标左键不放，移动鼠标（此时屏幕上会出现一个虚线框）到所需要的地方，松开鼠标左键，窗口被移动。

（6）改变窗口大小。

①当窗口处于非最大化状态时，将鼠标指针指向窗口上、下、左、右 4 个边框的任意一条边框上，鼠标指针变为双向箭头时，按住鼠标左键拖动，窗口大小则随之调整，调整至所需高度或宽度时可释放鼠标。

在左（右）边框上拖曳鼠标，改变的是窗口的宽度。

在上（下）边框上拖曳鼠标，改变的是窗口的高度。

②当窗口处于非最大化状态时，将鼠标指针指向窗口四角上的任意一个角，鼠标指针变为斜向的双向箭头时，按住鼠标左键沿对角线方向拖动，窗口则在保持宽和高比例不变的情况下，随之调整大小。

（7）滚动窗口。将鼠标指针移动到窗口滚动条的滚动块上，按住左键拖动滚动块，即可滚动显示窗口中的内容。另外，单击滚动条上的上箭头或下箭头，可以上滚或下滚窗口内容。

（8）切换窗口。

方法一：双击桌面"计算机"图标，打开"计算机资源管理器"窗口；再打开"网络"窗口，单击屏幕左下角任务栏类型图标，这时"计算机"和"网络"两个窗口的缩略图标都显示在任务栏上，如图 1-4 所示。将鼠标移到"网络"图标，会在右上角出现关闭按钮，可以关闭"网络"窗口；单击"网络"图标，可切换到网络窗口。

方法二：按 Alt＋Tab 组合键，在屏幕的中央会显示各个窗口的缩略图，如图 1-5 所示。

图 1-4　Windows 任务栏

图 1-5　窗口缩略图

（9）关闭窗口。单击"计算机"资源管理器窗口右上角的关闭按钮，即可关闭"计算机"资源管理器窗口。

　　除上述方法外，还可以通过单击窗口"文件"菜单中的"关闭"命令；或单击"计算机"资源管理器窗口左上角（窗口标题栏左端）的控制菜单图标，在弹出的控制菜单中选择"关闭"；或按 Alt＋F4 组合键关闭窗口。

4. 菜单的基本操作

（1）打开"开始"菜单。用鼠标单击桌面左下角的"开始"按钮，打开"开始"菜单。

（2）打开命令菜单。以"计算机"窗口为例，使用鼠标或键盘打开命令菜单，执行菜单命令。

（3）取消菜单。打开菜单后，如果不想从菜单中选择命令或选项，就用鼠标单击菜单以外的任何地方或按 Esc 键取消。

双击"计算机"图标，打开"计算机"窗口，单击菜单栏中的任意菜单项，将出现其下拉菜单，移动鼠标到要执行的命令项上单击该命令，例如，单击"查看/排列图标"命令，如图1-6所示。

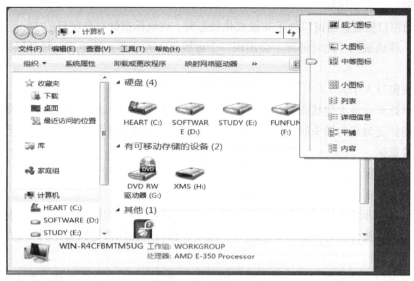

图 1-6　打开命令菜单

5. 任务栏操作

（1）使用小图标。在任务栏空白处单击鼠标右键，出现任务栏快捷菜单，单击"属性"命令，打开"任务栏和「开始」菜单属性"对话框，如图 1-7 所示。在"任务栏"选项卡中，勾选"使用小图标"复选项前的复选框，单击"确定"按钮。返回桌面时，任务栏的图标变小。

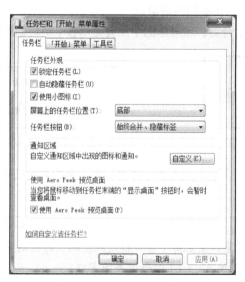

图 1-7　"任务栏和「开始」菜单属性"对话框

（2）隐藏任务栏。在任务栏空白处单击鼠标右键，出现任务栏快捷菜单，单击"属性"，打开

"任务栏和开始菜单属性"对话框。在"任务栏"选项卡中，勾选"自动隐藏任务栏"复选框，单击"确定"按钮。返回桌面，当鼠标指针从任务栏区域移开，任务栏消失；当鼠标指针移近任务栏区域，任务栏自动弹出。

按同样操作将"自动隐藏任务栏"复选框取消勾选，则任务栏将一直显示在桌面下方。

6. 文字输入练习

（1）启动记事本程序，选择"开始/所有程序/附件/记事本"命令，打开记事本程序窗口。

（2）在打开的记事本窗口中输入以下内容。

用户识别是指识别出访问网站的每一个用户。不同的用户可以在同一时间段通过一个代理访问 Web 服务器。同一个用户也可能通过不同的机器或不同的浏览器访问 Web 服务器，但是当不同用户使用同一台计算机浏览某一站点时会造成混淆。为此，通常采用以下方法来识别用户：以 IP 地址为区分标识的匿名访问者；在用户允许 Cookie 的情况下，以 CookieI D 作为用户表示；通过用户的注册 ID 进行识别。

提示　　输入大写字母的方法是：按住 Shift 键，输入字母。也可先按一下 Caps Lock 键（使键盘切换到大写状态），再输入字母，此时输入的所有字母皆为大写字母，如想切换到小写状态，只需再按一次 Caps Lock 键即可。

（3）切换输入法。

中英文输入法切换：单击 Windows 7 桌面右下角的输入法图标，显示图 1-8 所示的菜单，选择 CH 表示输入中文，选择 EN 表示输入英语。

中文输入法切换：单击 Windows 7 桌面右下角的输入法图标，显示图 1-9 所示的菜单，可选中一种自己熟悉的输入法，如搜狗拼音输入法。

图 1-8　中英文输入法切换

图 1-9　中文输入法切换

（4）标点符号的输入。在输入中文标点符号时，如输入书名号"《 》"，要先将汉字输入法切换到中文标点状态，再按住键盘上的 Shift 键不放，按下<键，输入左书名号"《"，按下">"键，输入右书名号"》"。

如果要输入顿号"、"，也必须在中文标点状态下，按住键盘上的 Shift 键不放，按下"\"键，即可输入顿号。注意区别英文标点和中文标点，并在记事本中输入以下标点符号。

～ ！ · # ￥ % …… — ＊ （ ）— ＋{}| : "" 《 》 ？[]\;',. /

～　！ @ # $ % ^&＊ ()_ +{}|: " "<>?[]、 ; ',。/

（5）全角字符输入。将汉字输入法状态条上的按钮分别切换到半角状态☽和全角状态●，在记事本中输入以下内容，比较两者的区别。

半角：123456 abcd；全角：１２３４５６ａｂｃｄ。

在全角输入状态下，数字、字母和标点符号将使用全角符号，每个全角符号和汉字一样，占用一个汉字的位置。

实验二　文件及文件夹操作

一、实验目的

1. 掌握文件夹及文件的操作。
2. 了解库的组成及基本操作。

二、实验内容及要求

1. 文件操作（新建文件、重命名文件、删除和还原文件、复制和粘贴文件）。
2. 文件夹操作（新建文件夹、用文件夹分门别类保存文件）。
3. 掌握库的操作（新建库、文件添加到新建库）。

三、实验步骤

1. 建立文件

（1）建立文本文档。

① 在桌面上单击鼠标右键，在弹出的快捷菜单中选择"新建/文本文档"命令，此时，在桌面上出现一个"新建文本文档.txt"图标，如图1-10所示。

图1-10　"新建文本文档.txt"

"文本文档"（又叫"纯文本文件"）和"记事本程序"都是指扩展名为.txt的文件。文本文档也可以通过在桌面上选择"开始/程序/附件/记事本"开始菜单选项新建。

②双击"新建文本文档.txt"图标，打开文本文档窗口，在窗口中输入一段文字。

③保存文本文档文件。选择"文件/保存"菜单命令，将输入的文字内容保存在计算机中。

④另存文本文档。选择"文件/另存为…"菜单命令，弹出"另存为"对话框，单击对话框左侧导航栏中的"桌面"按钮，表示将文档另存在桌面上，如图1-11所示，在"文件名"后的文本框中输入"另存文本文档.txt"，单击"保存"按钮。此时，桌面上出现两个内容一样而名称不同的文本文档。

另存为操作可以自行指定文档的保存位置和保存名称。

⑤修改文档内容。双击"新建文本文档.txt"图标，打开文档窗口，修改其中的文字内容，选择"文件/保存"菜单命令保存修改后的文字内容。

图 1-11 文档"另存为"窗口

（2）建立图像文件。

①在桌面上选择"开始/所有程序/附件/画图"菜单选项，打开"画图"程序窗口。

②选择窗口上方的主页面板，单击"铅笔"按钮 ，在窗口中随意画一张图像。

③单击左上角的菜单下拉按钮 保存图像文件。选择"文件/保存"菜单命令，由于尚未指定图像文件的保存位置，所以此时弹出"另存为"对话框，设置保存位置为"桌面"，文件名为"图片一.bmp"。

④此时，桌面上出现一个名为"图片一.bmp"的图像文件图标，如图 1-12 所示。关闭画图程序窗口。

2. 重命名文件

在"新建文本文档.txt"图标上单击鼠标右键，从弹出的快捷菜单中选择"重命名"命令，此时文件名区域反白显示，从键盘上输入新的文件名"文档一.txt"，按下回车键确认。

　　　选中文件图标后，再单击名称框部分，也可使文件名区域反白显示，实现文件重命名。文件名由文件标识符（文档一）和扩展名（txt）两部分组成，两部分之间用"."分隔。"."不是句号"。"。

3. 查看和设置文件属性

（1）查看文件详细属性。在"文档一.txt"上单击鼠标右键，在弹出的快捷菜单中选择"属性"命令，在弹出的"文档一"属性对话框中，可查看其相关属性，如图 1-13 所示。

图 1-12 图片文件　　　　　　　　　图 1-13 "文档一属性"对话框

（2）设置文件只读属性。在文件属性对话框中，勾选"只读"复选框，单击"确定"按钮，文件将具备只读属性。此时打开"文档一.txt"窗口，修改其文字内容，再选择"文件/保存"菜单命令，会弹出"另存为"对话框，如果仍想保存为"文档一.txt"，将弹出"确认另存为"警示框，如图 1-14 所示，单击"是"按钮，出现图 1-15 所示的"另存为"警示框，表示无法以原文件名保存。

图 1-14 "确认另存为"警示框　　　　　　　　　　图 1-15 "另存为"警示框

　　　　　具备只读属性的文本文档，可以打开查看其文字内容（可读），但文字内容修改后无法直接保存（不可写），即为"只（能）读（不能写）"属性。

（3）设置文件隐藏属性。在文件属性对话框中，勾选"隐藏"复选项的复选框，单击"确定"按钮，该文件将具备隐藏属性。

此时在桌面上，"文档一.txt"图标变为透明色。在桌面上单击鼠标右键，在弹出的快捷菜单中选择"刷新"命令，刷新桌面，这时"文档一.txt"图标在桌面上隐藏不显示。

（4）显示隐藏属性文件。隐藏属性文件也可以显示出来。方法为：在桌面上双击"计算机"图标，打开"计算机资源管理器"窗口，单击"组织"下拉按钮，选择"文件夹和搜索选项"菜单命令，在弹出的"文件夹选项"对话框中选择"查看"标签，并在"高级设置"列表框中选择"显示隐藏的文件、文件夹和驱动器"单选按钮，如图 1-16 所示。

图 1-16 "文件夹选项"对话框

单击"确定"按钮，返回桌面，观察到设置为隐藏属性的"文档一.txt"图标又显示出来了，图标为透明色，以区别于非隐藏属性文件。

取消只读和隐藏属性只需在属性对话框中取消勾选"只读"和"隐藏"复选项的复选框。

4. 删除文档

在"文档一.txt"图标上单击鼠标右键，在弹出的快捷菜单中选择"删除"命令，弹出"删除文件"对话框，要求用户确认文件是否要放入回收站，如果确认删除文件，单击"是"按钮，即可把选中文件放入回收站。

除了上述方法，也可以在选中图标后，按 Delete 键，作用相当于使用快捷菜单的"删除"命令，实现对文档的删除。

5. 创建快捷方式

（1）创建"文档一.txt"的快捷方式。在"文档一.txt"图标上单击鼠标右键，在弹出的快捷菜单中选择"创建快捷方式"命令。此时，在"文档一.txt"的同一位置（桌面上）出现了它的一个快捷方式图标，如图 1-17 所示。

（2）可将该快捷方式重命名为"快捷一"（不需要扩展名）。

（3）双击快捷方式图标，可以打开"文档一.txt"。

（4）删除文件"文档一.txt"，再双击快捷方式图标，观察到此时无法打开"文档一.txt"，会弹出图 1-18 所示的"快捷方式存在问题"警示框。

图 1-17　快捷方式

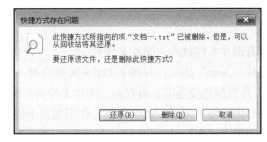

图 1-18　"快捷方式存在问题"警示框

（5）删除快捷方式"快捷一"。

（6）从"回收站"还原"文档一.txt"，双击"文档一.txt"图标，这时"文档一.txt"可被正常打开。

6. 复制和粘贴文件

（1）将所有文本文件放入"文本文件夹"。

方法一：在"文档一txt"图标上单击鼠标右键，在弹出的快捷菜单中选择"复制"命令，此时，"文档一.txt"图标颜色变透明；打开"文本文件夹"，再把鼠标移到空白处，在弹出的快捷菜单中选择"粘贴"命令。

（2）方法二：选中"文档一.txt"，并按下 Ctrl + X 组合键（作用相当于选择"剪切"选项），此时，"文档一.txt"图标颜色变透明；打开"文本文件夹"，再把鼠标移到空白处，按下 Ctrl + V 组合键（作用相当于使用"粘贴"选项）。

7. 新建文件夹

（1）在桌面上单击鼠标右键，在弹出的快捷菜单中选择"新建/文件夹"命令。此时，在桌面上出现"新建文件夹"图标，如图 1-19 所示。

（2）在"新建文件夹"图标上单击鼠标右键，弹出快捷菜单，选择"重命名"命令，将文件夹改名为"文本文件夹"。

（3）用上述方法，在桌面上再新建一个文件夹，命名为"图片文件夹"。

8. 用文件夹分门别类保存文件

（1）将所有文本文件放入"文本文件夹"。

在"文档一.txt"图标上单击鼠标右键，在弹出的快捷菜单中选择"剪切"命令，此时，"文档一.txt"图标颜色变透明；再双击"文本文件夹"图标，打开"文本文件夹"窗口；在"文本文件夹"窗口内单击鼠标右键，在弹出的快捷菜单中选择"粘贴"命令，"文档一.txt"即从桌面上移入"文本文件夹"内，如图 1-20 所示。用上述方法将另存的"文本文档.txt"也移入"文本文件夹"保存。

图 1-19 "新建文件夹"图标

图 1-20 文件夹保存文件

（2）将所有图片文件放入"图片文件夹"。

选中"图片一.bmp"图标，并按下 Ctrl + X 组合键（作用相当于选择"剪切"选项），此时，"图片一.bmp"图标颜色变透明；再双击"图片文件夹"图标，打开"图片文件夹"窗口；在"图片文件夹"窗口内，按下 Ctrl + V 组合键（作用相当于使用"粘贴"选项），"图片一.bmp"即从桌面上移入"图像文件夹"内。

文件和文件夹的区别如下。

从表现形式上看，文件夹图标是黄色小文件袋形状，而文件图标形状比较多样；文件夹名没有扩展名，文件名有扩展名。

从功能上看，文件是用来记录文字、图像、音频等信息资源的。而文件夹的作用是用来存放和组织文件的，可以把同一类文件存放到一个文件夹下，以方便查找。

要改变文件（或文件夹）的保存位置，可使用剪切（快捷键为 Ctrl + X）、粘贴（快捷键为 Ctrl + V）操作实现。剪切操作也叫做"移动"。

9. 用磁盘保存文件夹

（1）将桌面上所有文件夹放入 C 盘。双击桌面上"计算机"图标，打开计算机资源管理器窗口；双击"本地磁盘（C:）"，打开 C 盘窗口。

（2）在桌面上，用鼠标单击第一个文件夹图标，按住 Ctrl 键，依次单击文本文件夹图标、图片文件夹图标，即可把 2 个文件夹图标全部选取。

（3）在某个选中文件夹图标上按下鼠标左键不放，向 C 盘窗口内部拖曳，如图 1-21 所示，当选中图标的虚线框进入 C 盘窗口内部时，释放鼠标左键，此时，2 个文件夹即从桌面上同时移入 C 盘内。

图 1-21　文件夹移入 C 盘效果

 选取位置连续的文件夹（或文件），可借助 Shift 键选取首尾两个文件，即可一次选取。

（4）将刚放入 C 盘的 2 个文件夹都复制到 D 盘。双击桌面上"计算机"图标，打开"计算机资源管理器"窗口；双击"本地磁盘（D:）"，打开 D 盘窗口。

（5）使用"复制"和"粘贴"的方法将"文本文件夹"复制到 D 盘。

（6）使用 Ctrl + C 和 Ctrl + V 组合键将"图片文件夹"复制到 D 盘。

10．建立子文件夹

（1）在 D 盘的"文本文件夹"下建立子文件夹"中国"。

方法：双击打开 D 盘窗口，再双击打开"文本文件夹"窗口，在"文本文件夹"窗口内单击鼠标右键，在弹出的快捷菜单中选择"新建/文件夹"命令，新建一个子文件夹，重命名为"中国"，如图 1-22 所示。

图 1-22　建立子文件夹"中国"

 "文本文件夹"包含"中国"文件夹，"中国"文件夹是"文本文件夹"的子文件夹。

（2）观察路径。双击打开"中国"文件夹窗口，在窗口上方的地址栏中观察路径，如图 1-23 所示。

 路径表示当前打开窗口的位置。

（3）在"中国"文件夹下再分别建立子文件夹："北京""上海""海南"，如图 1-24 所示。

（4）双击打开"海南"文件夹，在"海南"文件夹下再分别建立子文件夹"海口""琼海""三亚"。其所建立的子文件夹的层次结构如图 1-24 所示。

图 1-23　地址栏中的路径　　　　　　　　图 1-24　建立子文件夹

由于该层次结构类似一棵枝杈延展的大树，故形象地称之为"树状层次结构"。

11. 用"库"查找文件

（1）"库"的创建。

打开资源管理器，在导航栏里看到库，直接单击左上角的"新建库"命令；也可以在右边空白处，单击鼠标右键，在弹出来的菜单里选择"新建"。使用默认的名字"新建库"新建一个库，如图 1-25 所示。

图 1-25　新建"库"图标

（2）往"库"中添加文件和建立索引。

把 C 盘中的"文本文件夹"和"图片文件夹"添加到库中。右键单击"新建库"，在弹出的属性窗口里再单击"包含文件夹"命令，找到"文本文件夹"和"图片文件夹"文件夹，选中它们，单击"包含文件夹"命令，如图 1-26 所示。打开"新建库"，发现刚才添加的文件夹，已经在库里显示出来，同时索引已建好。索引是随时可以更新的，可以自己添加或者删除。以后要使用它们，单击资源管理器即可，如图 1-27 所示。

图 1-26　"新建库属性"窗口

图 1-27　"库"索引图标

（3）"库"的共享。

打开库，右键单击"新建库"命令，在菜单里找到"共享"子菜单，在子菜单里，有三种选择：不共享，共享给家庭组（你可以给予该家庭组读取甚至写入的权限），共享给特定用户。当然，如果选择家庭组（这个家庭组和用户首先应该处于该局域网中），同一个用户可以看到所有共享的文件。

实验三　防火墙的设置

一、实验目的

1. 理解防火墙的作用。
2. 掌握防火墙的设置方法。

二、实验内容及要求

1. 打开和关闭防火墙。
2. 熟悉防火墙设置（设置允许程序通过防火墙、阻止黑客 Ping 链接）。

三、实验步骤

1. 打开和关闭防火墙

（1）打开防火墙。单击"开始"菜单，打开"控制面板"窗口，单击"系统和安全"图标，如图 1-28 所示。选择"Windows 防火墙"菜单命令，选择"打开或关闭 Windows 防火墙"勾选启用防火墙，如图 1-29 所示。

（2）关闭防火墙。单击"开始"菜单，打开"控制面板"窗口，单击"系统和安全"图标，选择"Windows 防火墙"菜单命令，选择"打开或关闭 Windows 防火墙"勾选关闭防火墙。

图 1-28　"系统和安全"图标

图 1-29　"打开或关闭防火墙"图标

2．设置允许程序通过防火墙

通过"Windows 防火墙"设置，允许"射手阴影"程序在电脑中运行。

单击"Windows 防火墙"菜单命令，选择"允许程序或功能通过 Windows 防火墙"，弹出允许程序通过对话框。可以选择对某一个程序设置是否允许通过防火墙，若列表中没有某程序，选择"允许运行另一程序"，如图 1-30 所示选择程序添加即可运行程序。

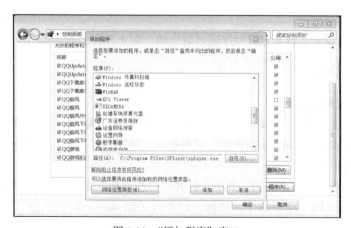

图 1-30　"添加程序"窗口

3. 阻止黑客 Ping 链接

在防火墙高级设置中建立一个阻止 Ping 链接的入站规则。操作方法如下。

（1）在"Windows 防火墙"窗口中单击"高级设置"链接，如图 1-31 所示。在窗口中依次单击"入站规则""新建规则"选项，如图 1-32 所示。

图 1-31　"高级设置"窗口

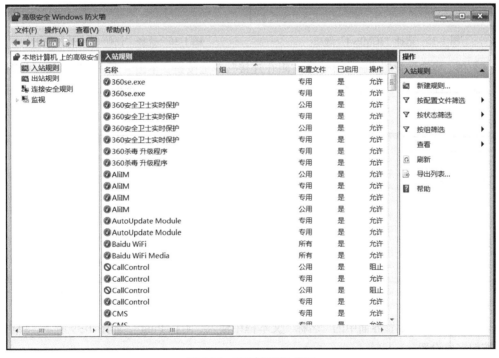

图 1-32　"新建规则"窗口

（2）在"规则类型"设置界面中，选中"自定义"单选按钮，单击"下一步"按钮，如图 1-33 所示。在"程序"设置界面中，单击"所有程序"设置界面，单击"下一步"按钮，如图

1-34 所示。

图 1-33　"自定义"窗口

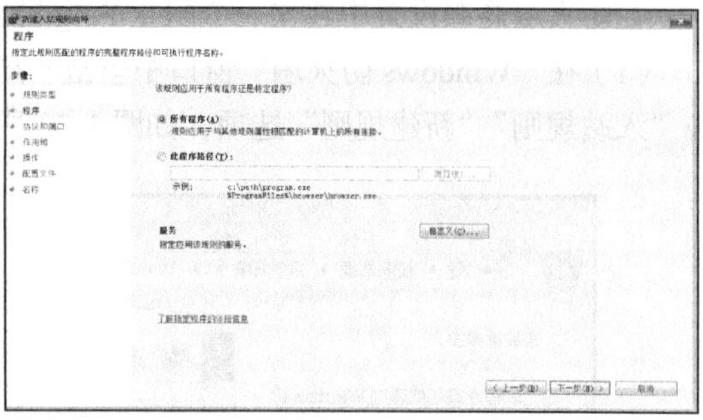

图 1-34　将规则应用到所有程序

（3）在"协议和端口"设置界面中，单击"协议类型"下拉列表框中的下拉按钮，选中"ICMPv4"选项，单击"下一步"按钮，如图 1-35 所示。在"作用域"设置界面中，选中"任何 IP 地址"单选按钮，单击"下一步"按钮。如图 1-36 所示。

图 1-35　选择"ICMPv4"选项

图 1-36　选择"任何 IP 地址"按钮

（4）在"操作"设置界面中，选中"阻止连接"单选按钮，单击"下一步"按钮，如图 1-37 所示。在"配置文件"设置界面中，选中"域""专用"和"公用"复选框，单击"下一步"按钮，如图 1-38 所示。

图 1-37　选择"阻止连接"按钮

图 1-38　"配置文件"设置

（5）在"名称"设置界面中的"名称"文本框中输入"阻止 Ping"，如图 1-39 所示，单击"完成"按钮完成设置。

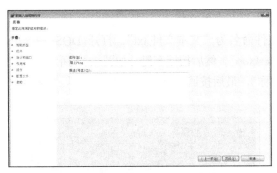

图 1-39　输入"阻止 Ping"名称

实验四　Windows 7 执行 DOS 命令

一、实验目的

了解 DOS 命令格式特点，掌握常用 DOS 命令的操作方法。

二、实验内容及要求

1. dir、md、rd 等常用 DOS 目录命令操作。

2. copy、ren、del 等常用 DOS 文件命令操作。

三、实验步骤

1. 打开 DOS 命令窗口

单击"开始"菜单栏，在菜单"搜索程序和文件"窗口中输入"cmd"，按回车键，弹出 DOS 窗口，如图 1-40 所示。或者单击"开始"菜单栏，单击"命令提示符"图标。如图 1-41 所示。

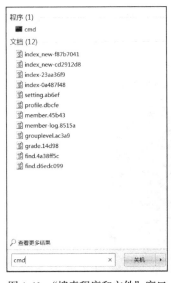

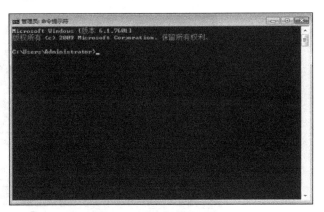

图 1-40　"搜索程序和文件"窗口　　　　　图 1-41　"命令提示符"窗口

2. 在 DOS 命令窗口中打开桌面文档

在桌面上新建文本文件命名为"文本文件.txt"，打开 DOS 命令窗口并在窗口中输入路径为"cd\Users\Administrator\Desktop"，然后按回车键，如图 1-42 所示。接着在第二行中输入"图片文件.txt"（要打开的文件名称），最后按回车键，如图 1-43 所示。

图 1-42　与输入"命令"窗口

图 1-43　输入"文件名打开文件"窗口

3. 目录操作命令

（1）在 DOS 命令窗口中查看 C 盘的目录。

在打开的 DOS 命令窗口中输入"cdc:\"，然后按回车键跳转到 C 盘路径，接着输入"dir"最后按回车键，在 DOS 命令窗口中就可以查看到 C 盘目录了，如图 1-44 所示。

图 1-44　查看 C 盘目录

（2）在 DOS 命令窗口创建文件夹。

在打开的 DOS 命令窗口中输入"cdc c:\"，按回车键跳转到 C 盘路径，输入"md a"创建文件夹，如图 1-45 所示。创建完成后，在 DOS 命令窗口中就可以看到创建文件夹盘路径了，如图 1-46 所示。

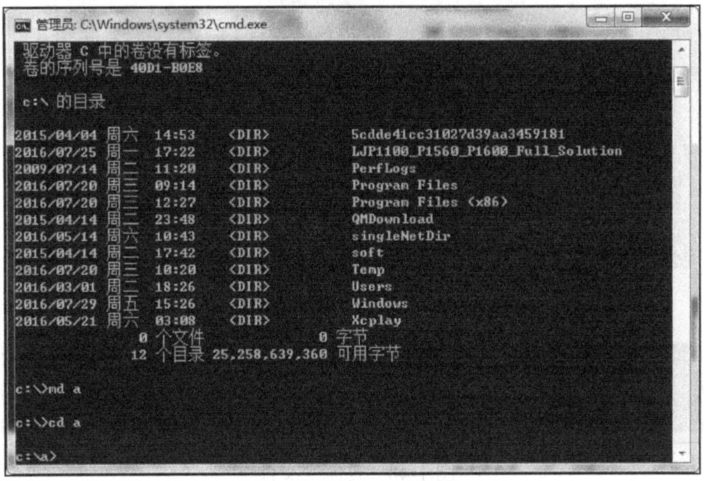

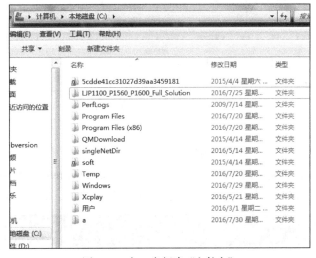

图 1-45　创建文件夹命令

图 1-46　在 C 盘新建"文件夹"

（3）在 DOS 命令窗口中删除指定文件夹。

在打开的 DOS 命令窗口中输入"cdc c:\"，按回车键跳转到 C 盘路径，如删除 C 盘中的 d 文件夹，输入"rd/s c:\a\b\c\d"即可删除 C 盘中的 D 文件夹，如图 1-47 所示。

4．文件操作命令

（1）用 DOS 命令复制文件。

在 C 盘中 d 文件夹下建立名字为"1.txt"的文档，并将 C 盘中的 D 文件夹复制到 D 盘。在打开的 DOS 命令窗口中输入"cd c:\a\b\c:"，最后按回车键首先跳转到 C 盘路径，接着输入 c:\a\b\c copy1.txt d:"，如图 1-48 所示。然后按回车键，这时候 C 盘目录下的文件就已经复制到 D 盘了，如图 1-49 所示。

图 1-47　删除指定"文件夹"

图 1-48　复制"文件"

图 1-49　复制到 D 盘的"文件"

（2）重命名文件名

将已复制到 D 盘的文件"1.txt"文档改名为"jisuanji.txt"。在打开的 DOS 命令窗口中输入"cd c:\a\b\c:"，然后按回车键首先跳转到 C 盘路径，接着输入 c:\a\b\c ren 1.txt jisuanji.txt"，如图 1-50 所示。最后按回车键，这时候 D 盘目录下的文件名就已经更改了，如图 1-51 所示。

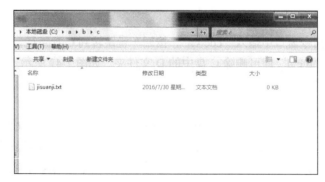

图 1-50　更改文件名程序

图 1-51　更改文件名

（3）删除重命名文件

将 D 盘的"jisuanji.txt"文档删除。在打开的 DOS 命令窗口中输入"cd c:\a\b\c:"，然后按回车键首先跳转到 C 盘路径，接着输入 c:\a\b\c deljisuanji.txt"，如图 1-52 所示。最后按回车键，这时候 D 盘目录下的重命名文件已被删除，如图 1-53 所示。

图 1-52　删除命令

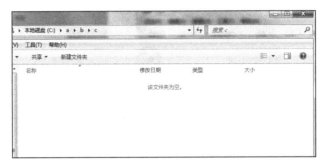

图 1-53　删除后文件夹为空

实验五　账户设置与程序卸载

一、实验目的

1. 掌握用户创建及密码设置方法。
2. 了解控制面板中的程序功能，掌握程序卸载方法。

二、实验内容及要求

1. 创建新的用户，并为新用户设置密码。
2. 卸载程序项中某一应用程序。

三、实验步骤

1. 用户创建及密码设置

（1）单击"开始"菜单，打开"控制面板"菜单命令，单击"用户账户和家庭安全"选项，选择"添加或删除用户"图标，如图 1-54 所示。

（2）打开"添加或删除用户"窗口后，单击"创建新用户"按钮后，设置账户名并选择账户类型，如图 1-55 所示。

（3）单击"创建账户"按钮，弹出"设置密码"窗口，设置密码完成后单击"创建密码"按钮，如图 1-56 所示。

图 1-54　控制面板

图 1-55　"创建新账户"窗口

图 1-56　"创建密码"窗口

2. 卸载程序

（1）单击"开始"菜单，打开"控制面板"菜单命令，单击"用户账户和家庭安全"选项，选择"添加或删除用户"图标，如图 1-57 所示。

图 1-57　打开"控制面板"窗口

（2）打开"程序"窗口后，选择"QQ 软件"图标，单击"卸载"按钮，如图 1-58 所示。

图 1-58　打开"卸载程序"窗口

第2章

Office Word 2013 文字处理软件实验

实验一　宣传海报的制作

一、实验目的

1. 熟练掌握文档的字符和段落格式设置。
2. 掌握文档的版面设置。
3. 掌握插入图片及其格式设置的方法。
4. 掌握 SmartArt 的使用。

二、实验内容及要求

海口经济学院为了使学生更好地进行职场定位和职业准备，提高就业能力，校学工处将于 2016 年 4 月 29 日（星期五）19:30～21:30 在校学术中心举办题为"大学生人生规划——成就完美人生"的就业讲座，特别邀请某大学陈教授担任演讲嘉宾。

请根据上述活动的描述，利用 Microsoft Word 2013 制作一份宣传海报（宣传海报的参考样式请参考"海报参考样式.docx"文件）。

制作宣传海报的实验要求如下。

1. 页面布局格式设置：自定义大小，高度为 30cm，宽度为 20 cm，上下左右页边距分别为 5 cm、5 cm、3 cm、3 cm，并将素材文件夹下的图片"海报背景图片.jpg"设置为海报背景。

2. 字符格式和段落格式设置：标题使用"微软雅黑"，字号为"28 号"，字体颜色为红色，居中；正文部分设置为"黑体""11 号"，字体颜色为"白色"。突出强调的字的字体设置为"华文行楷""36 号"，字体颜色为"白色"。其他部分参考素材库中效果图进行设置。

3. 插入 SmartArt 图及格式设置：插入 SmartArt 图"流程"中的"基本流程"。

4. 插入图片及格式设置：插入报告人照片 Pic 2.jpg，设置"紧密型环绕"。

三、实验步骤

1. 对文档的版面进行调整，要求页面为自定义大小，高度为 30 cm，宽度为 20 cm，上下左右页边距分别为 5 cm、5 cm、3 cm、3 cm，并将素材文件夹下的图片"海报背景图片.jpg"设置为海报背景。

（1）打开素材文件夹下的"word.docx"。

（2）单击"页面布局"选项卡下的"页面设置"启动器按钮 ⌐，弹出"页面设置"对话框，如图 2-1 所示。

（3）调整"页边距"选项卡上、下页边距为 5 cm、左、右页边距为 3 cm。在"纸张"选项卡下设置高度为 30 cm，宽度为 20 cm。

（4）单击"设计"选项卡下的"页面颜色"下拉按钮，在弹出的下拉菜单中选择"填充效果"命令，如图 2-2 所示。打开"效果填充"对话框，切换至"图片"选项卡，单击"选择图片"按钮，打开"插入图片"对话框，如图 2-3 所示。单击"来自文件/浏览"，从"素材"文件夹中选择"海报背景图片.jpg"，设置完成后单击"确定"按钮。

图 2-1　"页面设置"对话框

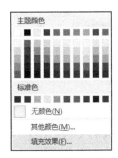

图 2-2　"页面颜色"下拉按钮

图 2-3　"插入图片"对话框

2. 根据所给定的参考样式，设置海报的字体格式和段落格式。

（1）根据"海报参考样式.docx"文件，选中标题"'成就完美人生'就业讲座"，单击"开始"选项卡下的"字体"启动器按钮 ⌐，弹出"字体"对话框，如图 2-4 所示。在"字体"标签中的"中文字体"下拉列表中选择"微软雅黑"，在"字号"下拉按钮中选择"28 号"，在"字体颜色"下拉按钮中选择"红色"。

（2）单击"段落"组中的"居中"按钮 ≡ ，使标题居中。

（3）按照（1）的同样方法设置正文部分的字体，这里把正文部分设置为"黑体""11 号"，字体颜色为"白色"。"欢迎大家踊跃参加!"设置为"华文行楷""36 号""白色"。

3. 根据页面布局需要，调整海报内容中"报告题目""报告人""报告日期""报告时间""报告地点"等信息的段落间距。

（1）选中"报告题目""报告人""报告日期""报告时间""报告地点"等正文所在的段落信息，单击"开始"选项卡下的"段落"启动器按钮 ，弹出"段落"对话框，如图 2-5 所示。在"缩进和间距"选项卡下的"间距"选项中，单击"行距"下拉列表，选择合适的行距，此处选择"1.5 倍行距"，在"段前"和"段后"微调框中都设置为"1 行"；在"缩进"组中，选择"特殊格式"下拉列表框中的"首行缩进"选项，并在右侧对应的"缩进值"选择"3 字符"选项。

图 2-4 "字体"对话框

图 2-5 "段落"对话框

（2）选中"欢迎大家踊跃参加"字样，单击"开始"选项卡下的"段落"组中的"居中"按钮，使其居中显示。按照同样的方法设置"主办：校学工处"为右对齐。

4. 在"报告人："位置后面输入报告人"陈教授"。

5. 在"主办：校学工处"位置后另起一页，并设置第 2 页的页面纸张大小为 A4 篇幅，纸张方向设置为"纵向"，页边距为"普通"页边距定义。设置"'成就完美人生'就业讲座之大学生人生规划活动细则"字体为"黑体"，大小为"11 号"，颜色为"红色"。

（1）将鼠标置于"主办：校学工处"位置后面，单击"页面布局"选项卡下的"页面设置"组中的"分隔符"下拉按钮，选择"分隔符"中的"下一页"命令即可另起一页。

（2）单击第二页，单击"页面布局"选项卡"页面设置"组中的对话框启动器按钮 ，弹出"页面设置"对话框，切换至"纸张"选项卡，选择"纸张大小"选项中的"A4"选项，在最下面"应用于"下拉列表中选择"本节"。

（3）切换至"页边距"选项卡，选择"纸张方向"选项下的"纵向"选项。

（4）单击"页面设置"组中的"页边距"下拉按钮，在弹出的下拉列表中选择"普通"

选项。

6. 在新页面的"日程安排"段落下面，复制本次活动的日程安排表（"活动日程安排.xlsx"文件），要求表格内容引用 Excel 文件中的内容，若 Excel 文件中的内容发生变化，Word 文档中的日程安排信息也随之发生变化。

（1）打开"活动日程安排.xlsx"文件，选中表格中的所有内容，按 Ctrl + C 组合键，复制所选内容。

（2）切换到"Word.docx"文件中，将光标置于"日程安排:"后按 Enter 键另起一行，单击"开始"选项卡下的"粘贴"下拉按钮中的"选择性粘贴"按钮，弹出"选择性粘贴"对话框，如图 2-6 所示。单击"选择链接"选项，在"形式"下拉列表框中选择"Microsoft Excel 工作表对象"。

（3）单击"确定"按钮后，若更改"活动日程安排.xlsx"文字单元格的内容，则 Word 文档中的信息也同步更新。

7. 在新页面的"报名流程"段落下面，利用 SmartArt，制作本次活动的报名流程（报名、确认、领取资料、领取门票）。

（1）将光标置于"报名流程"字样后，按 Enter 键另起一行。单击"插入"选项卡下的"插图"组中的"SmartArt"按钮，弹出"选择 SmartArt 图形"对话框，选择"流程"中的"基本流程"，如图 2-7 所示。

图 2-6　"选择性粘贴"对话框

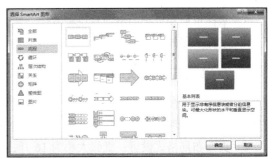

图 2-7　选择"SmartArt 图形"对话框

（2）单击"确定"按钮，选中圆角矩形，然后单击"SmartArt"工具菜单中"设计"选项卡下"创建图形"组中的"添加形状"下拉按钮，在弹出的下拉列表中选择"在后面添加形状"，设置完毕后，即可得到与参考样式相匹配的图形。

（3）在文本中输入相应的流程名称（报名、确认、领取资料、领取门票）。

（4）选中"SmartArt"图形，单击"SmartArt"工具菜单下"设计"组中的"更改颜色"下拉按钮，在弹出的下拉列表中，选择"彩色"中的一种效果，在 SmartArt 岩石中选择"优雅"，即可完成报名流程的设置。

8. 设置"报告人介绍"段落下面的文字排版为"首字下沉"，字体颜色为"深蓝"。

（1）选中"陈"，单击"插入"选项卡下"文本"组中"首字下沉"按钮，在弹出的下拉列表中选择"首字下沉选项"，弹出"首字下沉"对话框，如图 2-8 所示。在"位置"组中选择"下沉"，单击"选项"组中的"字体"下拉列表框，选择"+中文正文"选项，"下沉行数"微调框设置为"3"。

（2）按照前述同样的方式把"报告人介绍"段落下面的文字字体颜色设置为"深蓝"。

9. 更换报告人照片为学生文件夹下的"Pic 2.jpg"照片，按照示例的样式调整图片的合适位置。

（1）选中图片，在"图片工具"的"格式"选项卡下，单击"调整"组中的"更改图片"按钮，弹出"插入图片"对话框，选择"Pic 2.jpg"，单击"插入"按钮，实现图片更改，拖动图片到恰当位置。

（2）选中图片，在"图片工具"的"格式"选项卡下，单击"排列"组中的"自动换行"命令，在下拉菜单中选择"紧密型环绕"。

10．单击"保存"按钮保存本次的宣传海报设计为"WORD.DOCX"文件。

图 2-8 "首字下沉"对话框

实验二　毕业论文排版

一、实验目的

1. 理解样式的使用。
2. 掌握 word 文档中的题注的添加方法及目录的生成方法。
3. 掌握页眉和页脚的添加与设置方法。
4. 掌握水印的设置方法。

二、实验内容及要求

财务管理专业的毕业生刘同学，写了一篇有关财务软件应用的论文"财务管理软件的应用.docx"，打开该文档，按下列要求帮助刘同学对毕业论文进行排版操作，并按原文件名进行保存。实验要求如下。

1. 页面布局格式设置：纸张大小为 16 开，对称页边距，上边距为 2.5cm、下边距为 2 cm，内侧边距为 2.5 cm、外侧边距为 2 cm，装订线为 1 cm，页脚距边界为 1.0 cm。

2. 设置页眉和页脚：将"页眉和页脚"组下的"距边界"的"页脚"设置为 1.0 cm。

3. 设置快速插入目录：在论文的最前面插入目录，目录样式可以任意选定。目录、书稿的每一章均为独立的一节，每一节的页码均以奇数页为起始页码。目录与书稿的页码分别独立编排，目录页码使用大写罗马数字；书稿页使用阿拉伯数字且各章节间连续编码。要求奇偶页不同，奇数页页码显示在页脚右侧，偶数页页码显示在页脚左侧。

4. 样式的使用：包含 3 个级别的标题，分别用"（一级标题）""（二级标题）""（三级标题）"字样标出。分别对 3 个级别的标题应用样式中的"标题 1""标题 2""标题 3"，并设置多级列表。

5. 水印设置：将素材文件夹下的图片"水印.jpg"设置为本文稿的水印，水印处于书稿页面的中间位置，图片增加"冲蚀"效果。

三、实验步骤

1. 按下列要求进行页面设置：纸张大小为 16 开，对称页边距，上边距为 2.5 cm、下边距为 2 cm，内侧边距为 2.5 cm、外侧边距为 2 cm，装订线为 1 cm，页脚距边界为 1.0 cm。

（1）打开素材文件夹下的"财务管理软件的应用.docx"文档。

（2）根据题目要求，单击"页面布局"选项卡下"页面设置"组中的对话框启动器按钮 ，在打开的对话框中切换至"纸张"选项卡，将"纸张大小"设置为 16 开。

（3）切换至"页边距"选项卡，在"页码范围"中"多页"下拉列表中选择"对称页边距"，在"页边距"组中，将"上"微调框设置为 2.5 cm、"下"微调框设置为 2 cm，"内侧"微调框设置为 2.5 厘米、"外侧"微调框设置为 2 cm，"装订线"设置为 1 cm。

（4）切换至"版式"选项卡，将"页眉和页脚"组下的"距边界"的"页脚"设置为 1.0 cm，单击"确定"按钮。

2. 论文中包含 3 个级别的标题，分别用"（一级标题）""（二级标题）""（三级标题）"字样标出。分别对 3 个级别的标题应用样式中的"标题 1""标题 2""标题 3"。并设置多级列表。

（1）根据要求，分别选中带有"（一级标题）""（二级标题）""（三级标题）"提示的整段文字，为"（一级标题）"段落应用"开始"选项卡下"样式"组中的"标题 1"样式，如图 2-9 所示。

图 2-9　"样式"组

（2）使用同样方式分别为"（二级标题）""（三级标题）"所在的整段文字应用"标题 2"样式和"标题 3"样式。

（3）单击"开始"选项卡下"段落"组中的"多级列表"按钮，在下拉列表中选择多级列表，选择"列库表"中的第 2 行第 3 种样式。

3. 样式应用结束后，将论文中各级标题文字后面括号中的提示文字及括号"（一级标题）""（二级标题）""（三级标题）"全部删除。

（1）单击"开始"选项卡下"编辑"组中的"替换"按钮，弹出"查找和替换"对话框，如图 2-10 所示，在"查找内容"中输入"（一级标题）"，在"替换为"中不输入，单击"全部替换"按钮。

图 2-10　"查找和替换"对话框

（2）按上述同样的操作方法删除"（二级标题）""（三级标题）"。

4. 论文中有若干表格及图片，分别在表格上方和图片下方的说明文字左侧添加形如"表 1-1""表 1-2""图 1-1""图 1-2"的题注，其中连字符"-"前面的数字代表章号、"-"后面的数字代表图表的序号，各章节图和表分别用连续编号。添加完毕，将样式"题注"的格式修改为仿宋、小五号字、居中。

（1）根据题目要求，将光标插入在表格上方说明文字左侧，单击"引用"选项卡下"题注"组中的"插入题注"按钮，如图 2-11 所示。在打开的对话框后单击"新建标签"按钮，如图 2-12

所示，在弹出的对话框中输入"标签"名称为"表"，单击"确定"按钮。返回到之前的对话框中，将"标签"设置为"图表"，然后单击"编号"按钮，在打开的对话框中，勾选"包含章节号"，将"章节起始样式"设置为"标题 1"，将"使用分隔符"设置为"-（连字符）"，单击"确定"按钮，返回到之前的对话框，单击"确定"按钮完成设置。

图 2-11　"题注"对话框　　　　　　　　图 2-12　"新建标签"对话框

（2）选中添加的题注，单击"开始"选项卡下"样式"组右侧的下三角按钮，在打开的"样式"窗格中选中"题注"样式，并单击鼠标右键，在弹出的快捷菜单中选择"修改"，即可打开"修改样式"对话框，在"格式"组下选择仿宋、小五号字、居中，勾选"自动更新"复选框。

（3）将光标插入至下一个表格上方说明文字左侧，可以直接在"引用"选项卡下"题注"组中单击"插入题注"按钮，在打开的对话框中，单击"确定"按钮，即可插入题注内容。

（4）使用同样的方法在图片下方的说明文字左侧插入题注，并设置题注格式。

5. 论文中用红色标出的文字的适当位置，为文中的表格和图片设置自动引用其题注号。为第 2 张表格"表 1-2 久久财务软件版本及功能简表"套用一个合适的表格样式、保证表格第 1 行在跨页时能够自动重复、且表格上方的题注与表格总在一页上。

（1）根据题目要求，将光标插入到被标红文字的合适位置，此处以第一处标红文字为例，将光标插入到"如"字的后面，单击"引用"选项卡下"题注"组中的"交叉引用"按钮，如图 2-13 所示。在打开的对话框中，将"引用类型"设置为表，"引用内容"设置为"只有标签和编号"，在"引用哪一个题注"下选择"表 1-1 手工记账与会计电算化的区别"，单击"插入"按钮。

（2）使用同样的方法在其他标红文字的适当位置，设置自动引用题注号，最后关闭该对话框。

（3）选择"表 1-2"，在"表格工具"组的"设计"选项卡下"表格样式"组为表格套用一个样式（可任意选择一个样式进行套用）。

（4）鼠标定位在表格中，单击"表格工具"组下"布局"选项卡，单击"属性"按钮，如图 2-14 所示，在弹出的对话框中勾选"允许跨页断行"复选框。选中标题行，单击"数据"组中的"重复标题行"。

6. 在论文的最前面插入目录，目录样式可以任意选定。目录、书稿的每一章均为独立的一节，每一节的页码均以奇数页为起始页码。

（1）根据题目要求将光标插入到第一页一级标题的左侧，单击"页面布局"选项卡下"页面设置"组中的"分隔符"按钮，在下拉列表中选择"下一页"。

（2）将光标插入到新页中，单击"引用"选项卡下"目录"组中的"目录"下拉按钮，如图 2-15 所示，在下拉列表框中选择"自动目录 1"，或者其他目录样式，并更新目录。

（3）使用同样的方法为其他章节分节，使每一章均为独立的一节，双击第一页下方的页码处，在"设计"选项卡下单击"页眉和页脚"组中的"页码按钮",在下拉列表中选择"页面底端"下的"普通数字 1",如图 2-16 所示。

图 2-13　"交叉引用"对话框

图 2-14　"表格属性"对话框

图 2-15　"目录"下拉列表

图 2-16　"页码"下拉菜单

7. 目录与论文的页码分别独立编排,目录页码使用大写罗马数字,论文页使用阿拉伯数字且各章节间连续编码。要求奇偶页不同,奇数页页码显示在页脚右侧,偶数页页码显示在页脚左侧。

(1)根据题目要求将光标插入到目录首页的页码处,单击"页眉和页脚工具/设计"选项卡下"页眉和页脚"组中的"页码"下拉按钮,在下拉列表中选择"设置页码格式",在打开的对话框中,选择"编号格式"大写罗马数字,单击"确定"按钮。

(2)将光标插入到第 2 章的第一页页码中,单击"页眉和页脚工具/设计"选项卡下"页眉和页脚"组中的"页码"按钮,在下拉列表中选择"设置页码格式",在打开的对话框中,选择"页码编号"组中的"续前节",单击"确定"按钮。使用同样方法为下方其他章节的第一页设置"页码编号"组的"续前节"选项。同时,利用同样的方法,对第 3 章页码设置"续前节"。

(3)将光标插入到目录页的第一页码中,在"页眉和页脚工具/设计"选项卡下勾选"选项"组中的"奇偶页不同"复选框,并使用同样的方法为下方其他章节的第一页设置"首页不同"和

"奇偶页不同"。

（4）将光标移至第二页中，单击"插入"选项卡下"页眉和页脚"组中的"页码"按钮。在弹出的下拉列表中选择"页面底端"的"普通数字1"。

（5）同步骤4，在弹出的下拉列表中选择"页面底端"的"普通数字3"，单击"关闭页眉和页脚"按钮。

8. 将素材文件夹下的图片"水印.jpg"设置为本文档的水印，水印处于论文页面的中间位置，图片增加"冲蚀"效果。

根据题目要求，将光标插入到文档中，单击"设计"选项卡下"页面背景"组中的"水印"下拉按钮，在下拉列表中选择"自定义水印"，在打开的对话框中选择"图片水印"选项，然后单击"选择图片"按钮，在打开的对话框中，选择素材文件夹下的"水印.jpg"，单击"插入"按钮，返回到之前的对话框中，勾选"冲蚀"复选框，单击"确定"按钮。

实验三　邮件合并

一、实验目的

通过使用邮件合并功能，掌握邮件合并的使用方法。

二、实验内容及要求

为了使我校大学生更好地就业，提高就业能力，我校就业处将于2016年11月26日至2016年11月27日在校就业指导中心举行大学生专场招聘会，于2016年12月23日至2016年12月24日在就业指导中心举行综合人才招聘会，特别邀请各用人单位、企业、机构等前来参加。

请根据上述活动的描述，利用Microsoft Word 2013制作一份邀请函（邀请函的参考样式请参考"邀请函参考样式.docx"文件）

实验要求如下。

1. 进行页面布局格式设置：页面高度为23cm，页面宽度为27 cm，页边距（上、下）为3 cm，（左、右）为3 cm。将素材文件夹下的图片"背景图片.jpg"设置为邀请函背景。

2. 字符格式和段落格式设置：标题为"人才招聘会"和"邀请函"，段落居中，字体为"微软雅黑"，"字号"为"一号"，字体颜色为"深蓝"。除标题之外的文字字体为"宋体"，字号为"小三"，字体颜色为"绿色"，段落的行距为1.5倍，段前段后为0.5行，首行缩进2字符，左右缩进3字符。

3. 邮件合并：在"尊敬的"之后，合并邮件"信函"。

三、实验步骤

1. 调整文档版面，要求页面高度为23 cm，页面宽度为27 cm，页边距（上、下）为3 cm，（左、右）为3 cm。

（1）打开Microsoft Word 2013，新建一个空白文档。

（2）根据邀请函参考样式，在空白文档中输入邀请函包含的信息。

（3）单击"页面布局"选项卡下"页面设置"启动按钮 ，打开"页面设置"对话框，在"纸张"选项卡下设置"高度"为"23cm",设置"宽度"为"27cm"。

（4）设置好页面后单击"确定"按钮,按照上面同样方式打开"页面设置"对话框中的"页边距"选项卡,根据题目要求进行设置,设置完毕后单击"确定"按钮。

2. 请根据"邀请函参考样式.docx"文件,调整邀请函内容文字的字号、字体颜色。

选中标题"人才招聘会"和"邀请函",单击"开始"选项卡下"段落"组中的"居中"按钮，再单击"开始"选项卡下"字体"组中的对话框启动器按钮，弹出"字体"对话框,如图 2-17 所示。在"字体"选项卡下,设置"中文字体"为"微软雅黑",设置"字号"为"一号",字体颜色为"深蓝"。选中除标题以外的文字部分,单击"开始"选项卡下"字体"组中的"字体"下拉按钮,在弹出的下拉列表中选择"宋体",在"字号"下拉列表中选择"小三",在"字体颜色"下拉列表中选择"绿色"。

3. 调整邀请函中内容文字段落的行距、段前、段后。（行距为 1.5 倍,段前段后为 0.5 行,首行缩进 2 个字符,左右缩进 3 个字符。）

（1）选中正文,单击"开始"选项卡下"段落"组中的对话框启动器按钮,弹出"段落"对话框,如图 2-18 所示。在"缩进和间距"选项卡下的"间距"选项中,单击"行距"下拉列表,选择合适的行距,此处选择"1.5 倍行距",在"段前"和"段后"中分别设为"0.5 行",在"缩进"选项中将"特殊格式"设为"首行缩进",磅值为"2 字符","左侧"和"右侧"都设为"3 字符",单击"确定"按钮。

图 2-17　"字体"对话框

图 2-18　"段落"对话框

（2）选择邀请函的最后两段文字,"2016 年 12 月 23 日"和"海口经济学院"文字,在"开始"选项卡下的"段落"组中将其设为"文本右对齐"。

4. 在"尊敬的"之后,插入拟邀请的用人单位,拟邀请的用人单位在素材文件夹下的"通讯录.xlsx"文件中。每页邀请函中只能包含一个用人单位。

（1）把光标放在"尊敬的"之后,单击"邮件"选项卡下"开始合并邮件"下拉菜单中的"开始邮件合并"按钮,在弹出的下拉菜单中选择"信函"命令,如图 2-19 所示。

（2）单击"选择收件人"下拉按钮,在弹出的下拉菜单中选择"使用现有列表"命令,如图 2-20 所示。

图 2-19　"开始邮件合并"下拉菜单　　　　　图 2-20　"选择收件人"下拉菜单

（3）在弹出"选择数据源"对话框之后，选择考生文件夹下的"通讯库.xlsx"，单击"打开"按钮，如图 2-21 所示。

（4）在"编写和插入域"组中单击"插入合并域"按钮，在弹出的下拉列表中选择"公司"，如图 2-22 所示。

图 2-21　"选择数据源"对话框　　　　　图 2-22　"插入合并域"按钮
下拉菜单

（5）单击"预览结果"组中的"预览结果"。

（6）单击"完成"组中的"完成并合并"下拉按钮即可生成单独编辑的单个信函。

5. 将素材文件夹下的图片"背景图片.jpg"设置为邀请函背景。

（1）单击"设计"选项卡下"页面背景"组中的"页面颜色"下拉按钮，在弹出的下拉列表中选择"填充效果"命令，在弹出"填充效果"对话框中选择"图片"选项卡，单击"选择图片"按钮，在弹出的"插入图片"对话框中选择题目中要求的图片。

（2）单击"插入"按钮后即可返回"填充效果"对话框，最后单击"确定"按钮即可完成设置。

实验四　精美简历的制作

一、实验目的

1. 深入理解并掌握文档的"页面设置"方法。

2. 熟练掌握 "形状" 的绘制和设置方法、插入图片和设置图片的方法。

二、实验内容及要求

赵帅是海口经济学院网络学院的一名大四学生，经过 4 年的大学学习，他希望在毕业后能有个很好的就业前途。为了能使自己在众多的应聘者中脱引而出，他打算利用 Microsoft Word 2013 精心制作一份简洁而醒目的个人简历，示例样式如 "参考样式.jpg" 所示。实验要求如下。

1. 页面布局的设置：纸张大小为 A4，页边距（上、下）为 2.5 cm，页边距（左、右）为 3.2cm。

2. 形状的绘制及格式设置：插入标准色为蓝色与白色的两个矩形，其中蓝色矩形占满 A4 幅面，文字环绕方式设为 "浮于文字上方"，作为简历的背景。并参照示例文件，插入标准色为蓝色的圆角矩形，并添加文字 "实习经验"，插入 1 个短划线的虚线圆角矩形框，其余部分均参考示例文件完成设置。

3. 插入图片及格式设置：插入图片 "1.png"，调整图片大小；然后根据需要插入图片 "2.jpg" "3.png" "4.png"，并调整图片位置，所有图片均浮与文字上方。

4. 参照示例文件，在实习经验下方插入 SmartArt 图形，设置 "强烈效果" 样式。

三、实验步骤

1. 调整文档版面，要求纸张大小为 A4，页边距（上、下）为 2.5cm，页边距（左、右）为 3.2cm。

（1）启动 Microsoft Word 2013 软件，并新建空白文档。

（2）切换到 "页面布局" 选项卡，在 "页面设置" 选项组中单击对话框启动器按钮，弹出 "页面设置" 对话框，切换到 "纸张" 选项卡，将 "纸张大小" 设为 "A4"。

（3）切换到 "页边距" 选项卡，将 "页边距" 的上、下、左、右分别设为 2.5 cm、2.5 cm、3.2 cm、3.2 cm。

2. 根据 "页面布局" 需要，在适当的位置插入标准色为蓝色与白色的两个矩形，其中蓝色矩形占满 A4 幅面，文字环绕方式设为 "浮于文字上方"，作为简历的背景。

（1）切换到 "插入" 选项卡，在 "插图" 选项组中单击 "形状" 下拉按钮，在其下拉列表中选择 "矩形"，并在文档中进行绘制使其与页面大小一致。

（2）选中矩形，切换到 "绘图工具" 下的 "格式" 选项卡，在 "形状样式" 选项组中将 "形状填充" 和 "形状轮廓" 都设为 "标准色" 下的 "蓝色"，如图 2-23 所示。

（3）选中蓝色矩形，单击鼠标右键在弹出的快捷菜单中选择 "自动换行" 级联菜单中的 "浮于文字上方" 选项，如图 2-24 所示。

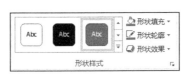

图 2-23　"形状样式" 选项组　　　　　图 2-24　"自动换行" 级联菜单

（4）在蓝色矩形上方按照步骤（1）同样的方式创建一个白色矩形，并将其"自动换行"设置为"浮与文字上方"，将"形状填充"和"形状轮廓"都设为"主体颜色"下的"白色"，大小"小于"蓝色矩形。

3．参照示例文件，插入标准色为蓝色的圆角矩形，并添加文字"实习经验"，插入一个短划线的虚线圆角矩形框。

（1）切换到"插入"选项卡，在"插图"选项组中单击"形状"下拉按钮，在其下拉列表中选择"圆角矩形"，参考示例文件，在合适的位置绘制圆角矩形，如同2中步骤（2）将"圆角矩形"的"形状填充"和"形状轮廓"都设为"标准色"下的"蓝色"。

（2）选中所绘制的圆角矩形，在其中输入文字"实习经验"，并选中"实习经验"，设置"字体"为"宋体"，"设置字号"为"小二"。

（3）根据参考样式，再次绘制一个"圆角矩形"，并调整此圆角矩形的大小。选中此圆角矩形，选择"绘图工具"下的"格式"选项卡，在"形状样式"选项组中将"形状填充"设为"无填充颜色"，在"形状轮廓"列表中选择"虚线"下的"短划线"，粗细设置为0.5磅，"颜色"设为"橙色"。

（4）选中圆角矩形，单击鼠标右键，在弹出的快捷菜单中选择"置于底层"级联菜单中的"下移一层"。

4．参照示例文件，插入文本框和文字，并调整文字的字体、字号、位置和颜色。其中"赵帅"应为标准色蓝色的艺术字，"希望能够……"文本效果应为跟随路径的"上弯弧"。

（1）切换到"插入"选项卡，在"文本"选项组中单击"艺术字"下拉按钮，在下拉列表中选择"填充—白色，轮廓—着色1，阴影"（或者其他艺术字样式）的艺术字，如图2-25所示，输入文字"赵帅"，并调整好位置。

（2）选中艺术字，在"艺术字样式"组中，设置艺术字的"文本填充"为"橙色"，并将其"字号"设为"一号"。

（3）切换到"插入"选项卡，在"文本"选项组中单击"文本框"下拉按钮，在下拉列表中选择"绘制文本框"，绘制一个文本框并调整好位置，放在艺术字下面。

（4）在文本框上单击鼠标右键选择"设置形状格式"，在文档右侧弹出"设置形状格式"窗口，如图2-26所示，选择"线条颜色"为"无线条"。

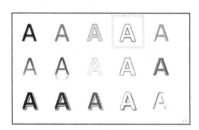

图2-25　"艺术字"按钮下拉列表

图2-26　"设置形状格式"窗口

（5）在文本框中输入与参考样式对应的文字，并调整好字体、字号和位置。（为了能使效果更好，在这里绘制2个文本框，分别设置并添加文本。）

（6）切换到"插入"选项卡，在页面最下方插入艺术字。在"文本"选项组中单击"艺术字"下拉按钮，选中艺术字，并输入文字"希望寻求到能够学习进步，有一定挑战性的工作"，并适当调整文字大小。

（7）切换到"绘图工具"下的"格式"选项卡，在"艺术字样式"选项组中选择"文本效果"下

拉按钮，在弹出的下拉列表中选择"转换|跟随路径|上弯弧"，
如图 2-27 所示。

5．根据页面布局需要，插入素材文件夹下图片

图 2-27　"文字效果"下拉按钮

"1.png"，根据需要调整图片大小；然后根据需要插入图片
"2.jpg""3.png""4.png"，并调整图片位置。（所有图片均设置为浮于文字上方）

（1）切换到"插入"选项卡，在"插图"选项组中单击"图片"按钮，弹出"插入图片"对
话框，如图 2-28 所示，选择素材文件夹下的素材图片"1.png"，单击"插入"按钮。

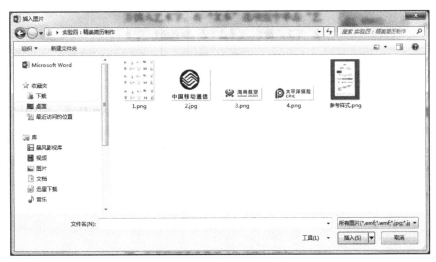

图 2-28　"插入图片"对话框

（2）选择插入的图片，单击鼠标右键，在下拉列表中选择"自动换行/浮于文字上方"，并调
整大小和位置。

（3）使用同样的操作方法在对应位置插入图片"2.jpg""3.png""4.png"，并调整好大小和位置。

6．参照示例文件，在实习经验中插入"SmartArt"图形，并进行适当编辑。（对所插入的 SmartArt
设置为浮于文字上方）

（1）切换到"插入"选项卡，在"插图"选项组中单击"SmartArt"按钮，弹出"选择 SmartArt
图形"对话框，选择"流程/连续块状流程"及"流程/基本日程表"，如图 2-29 所示。

（2）输入相应的文字，并适当调整 SmartArt 图形的大小和位置。

（3）切换到"SmartArt 工具"下的"设计"选项卡，在"SmartArt 样式"组中，单击"更改
颜色"下拉按钮，对所插入的两个 SmartArt 设置颜色样式，在其下拉列表中选择"彩色"组中的
"彩色/着色"（或其他的颜色样式），如图 2-30 所示。

（4）在文本框中输入相应的文字，并设置合适的"字体"和"大小"。

（5）利用箭头将上下两个图形进行连接，切换到"插入"选项卡，在"插图"组中选择"形
状"命令，在下拉菜单中选择"箭头总汇"中的"下箭头"，并对图形进行连接。

7．参照示例文件，在实习经验下方继续插入 SmartArt 图形，并设置样式，添加相应的文本。
（对所插入的 SmartArt 设置为浮于文字上方）

（1）切换到"插入"选项卡，在"插图"选项组中单击"SmartArt"按钮，弹出"选择 SmartArt
图形"对话框，选择"流程/步骤上移流程"。

（2）分别在 3 个文本框中按照素材录入文本信息。

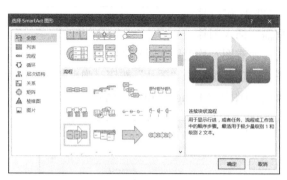

图 2-29 "选择 SmartArt 图形"对话框

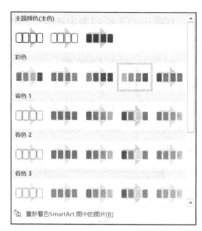

图 2-30 "更改颜色"下拉按钮

（3）切换到"SmartArt 工具"下的"设计"选项卡，在"SmartArt 样式"组中，单击"更改颜色"下拉按钮，对所插入的 SmartArt 设置颜色样式，在其下拉列表中选择"彩色"组中的"彩色填充/着色 4"（或其他的颜色样式），在样式中选择"强烈效果"样式。

（4）以文件名"WORD.docx"保存结果文档。

第3章
Excel 2013 电子表格软件实验

实验一　Excel 2013 电子表格基本操作

一、实验目的

1. 熟练掌握 Excel 2013 的各种格式设置及基本操作。
2. 掌握 Excel 2013 中常用特殊函数的使用。

二、实验内容及要求

某公司的会计使用 Excel 编制了员工工资表 "Excel.xlsx"。请根据以下实验要求对该工资表进行整理。

1. 标题字体格式设置：在工作表 "2016 年 5 月" 中将表名 "恒信公司 2016 年 5 月员工工资表" 放于整个表的上端，并设置为 "合并后居中" 效果、红色、加粗、20 号字体。

2. 序号自动填充操作：在 "序号" 列中分别填入 01～15，将其数据格式设置为文本格式、居中。

3. 单元格格式设置：将 "基本工资"（含）往右各列设置为会计专用格式、保留两位小数、无货币符号。

4. 表格页面设置：调整表格各列宽度、对齐方式，使其显得更加美观。设置纸张大小为 A4、横向，整个工作表需调整在一个打印页内。

5. 公式计算：利用公式计算 "实发工资" 列，公式为 "实发工资 = 应付工资-社保扣除费-应交个人所得税"。

6. 函数计算：利用函数计算分别在 D18、K19、K20、D21 显示 "员工人数" "实发最低收入" "实发最高收入" "制表日期与时间"（日期与时间也可以按 Ctrl +；组合键和 Ctrl + Shift +；组合键自动生成）。

三、实验步骤

1. 在工作表 "2016 年 5 月" 中将表名 "恒信公司 2016 年 5 月员工工资表" 放于整个表的上端，并设置为 "合并后居中" 效果、红色、加粗、20 号字体。

（1）选中单元格 A1:K1 区域，在 "对齐方式" 组中单击 "合并后居中" 按钮 合并后居中 。

（2）在"开始"功能区中的"字体"组中设置 20 号、红色、加粗字体，效果如图 3-1 所示。

图 3-1　字体格式设置

2. 在"序号"列中分别填入 01～15，将其数据格式设置为文本格式、居中。

单击 A3 单元格，输入"01"（添加英文单引号强制把数值型数据转换成文本格式），完成输入后单击 A3 单元格，把鼠标移到右下角，出现黑色加号后进行拖移或者双击，完成序号的自动填充，如图 3-2 所示。

3. 将"基本工资"（含）往右各列设置为会计专用格式、保留两位小数、无货币符号。

（1）单击 D3 单元格，按住 Shift 键并单击 K17 单元格（或者直接拖移进行区域的选择），选中 D3:K17 区域。

（2）在选中的区域上单击鼠标右键，选择"设置单元格格式"（或者选择"开始/单元格/格式/设置单元格格式"），选择"数字"选项卡单击"会计专用"分类，保留小数位数是"2"，货币符号为"无"，如图 3-3 所示。（如果出现#####，说明列宽不够）

图 3-2　序号自动填充效果

图 3-3　会计专用分类设置

4. 调整表格各列宽度、对齐方式，使其显得更加美观，并设置纸张大小为 A4、横向，整个工作表需调整在一个打印页内。

（1）选择任意有数据的单元格，按 Ctrl + A 组合键。

（2）选择"开始/单元格/格式"，调整行高和列宽。

（3）在"开始/对齐方式"里选择任意一种对齐方式。

（4）单击"页面布局/页面设置"右下方的按键，在弹出的对话框中单击"打印预览"按钮，如图 3-4 所示。

（5）弹出对话框后将工作表设置为 A4 纸张、横向，并将整个工作表调整在一个打印页内，如图 3-5 所示。

图 3-4 打印预览   图 3-5 打印设置

5. 利用公式计算"实发工资"列，公式为"实发工资＝应付工资－社保扣除费－应交个人所得税"。

单击 M3 单元格，在编辑框中输入公式"=G3-H3-J3"，按回车键完成填充，其结果如图 3-6 所示。

图 3-6 公式计算结果

6. 利用函数计算分别在 D18、K19、K20、D21 显示"员工人数""实发最低收入""实发最高收入""制表日期与时间"（日期与时间也可以按 Ctrl＋；组合键和 Ctrl＋Shift＋；组合键自动生成）。

（1）在 A18:A21 单元格内，分别输入"员工人数""实发最低收入""实发最高收入""制表日期与时间"。

（2）单击 D18 单元格，再单击"Fx"按钮插入函数，在弹出的对话框中选择 COUNT 函数，效果如图 3-7 所示。选中函数后单击"确定"按钮，函数参数的区域选择为"D3:D17"，如图 3-8 所示，得出结果。

（3）单击 K19 单元格，重复（1）操作选择 MIN 函数，参数区域为"K3:K17"，得出结果。

（4）单击 K20 单元格，重复（1）操作选择 MAX 函数，参数区域为"K3:K17"，得出结果。

图 3-7　选择函数设置

（5）单击 D21 单元格，重复（1）操作选择 NOW 函数，（如果出现####，说明列宽不够），单击"确定"按钮得出结果。

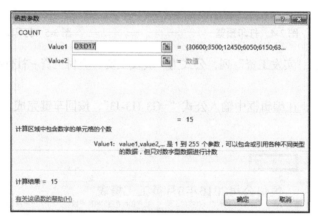

图 3-8　函数参数设置

7. 完成操作，保存"Excel.xlsx"文件。最终效果如图 3-9 所示。

序号	工号	姓名	基本工资	奖金	病事假（扣应付工资）	社保扣除表应纳税所得额	应交个人所得税	实发工资
恒信公司2016年5月员工工资表								
01	zs22001	吉磊	30600	500	230	30870	460	26910	5504.5	24905.5
02	zs22002	李燕	3500		352	3148	309	0	0	2839
03	zs22003	李郦娜	12450	500		12950	289	9161	1350.25	11310.75
04	zs22004	刘康锋	6050		130	5920	360	2060	127	5433
05	zs22005	刘鹏举	6150			6150	289	2361	157.1	5703.9
06	zs22006	倪冬声	6350	500		6850	289	3061	227.1	6333.9
07	zs22007	齐飞扬	10550			10550	206	6844	865.8	9478.2
08	zs22008	苏解放	15550	500	155	15895	308	12087	2081.75	13505.25
09	zs22009	孙玉敏	4100			4100	289	311	17.13	3793.87
10	zs22010	王清华	5800		25	5775	289	1986	119.6	5366.4
11	zs22011	谢如康	5050			5050	289	1261	47.1	4713.9
12	zs22012	包伟	3000			3000	289	0	0	2711
13	zs22013	卢万地	12450	500		12950	289	9161	1350.25	11310.75
14	zs22014	张惠珍	4850			4850	289	1061	39.63	4521.37
15	zs22015	陈霞	9800			9800	309	5991	695.2	8795.8
员工人数：			15							
实发最低收入：										2711
实发最高收入：										24905.5
制表日期与时间：			2016/7/29 13:54							

图 3-9　最终完成效果图

实验二　公式和函数的使用

一、实验目的

1. 掌握 Excel 2013 的工作簿和工作表的管理。
2. 掌握 Excel 2013 的条件格式使用方法。
3. 掌握 Excel 2013 中常用函数的使用方法。

二、实验内容及要求

以下是某教师录入的期末成绩表,将大学一年级 3 个班的成绩均录入到文件名为"Excel1.xlsx"的工作表中。请根据如下实验要求实现对该成绩单的整理。

1. 单元格格式设置:将工作表中 B 列"学号"列设为文本,对"期末成绩"中的数据列表进行格式化操作,将所有成绩列设为保留两位小数的数值,设置自动调整行高列宽,设置所有单元格对齐方式为"左对齐",设置适当的边框和底纹,美化工作表。

2. 条件格式设置:将高数、语文、计算机三科中不低于 110 分的成绩所在的单元格以一种颜色填充,其余四科中高于 95 分的成绩以深红色填充深蓝色文本标出。

3. 常用函数设置:使用函数计算每一个学生的总分及平均成绩。

4. 数据的排序:学号"160105"代表 2016 级 1 班 5 号。利用排序方式将学号进行升序排列并填充在"班级"列中:"学号"的 3、4 位是 01、02、03,对应班级是 1 班、2 班、3 班。

5. 工作表的操作:复制工作表"期末成绩",位置放置到原表之后;同时改变副本工作表标签的颜色为红色,并重新命名为"分类汇总",保存文件。

三、实验步骤

1. 对工作表"期末成绩"中的数据列表进行格式化操作,将 B 列"学号"列设为文本,将所有成绩列设为保留两位小数的数值,设置自动调整行高列宽,设置所有单元格对齐方式为"左对齐",设置适当的边框和底纹,美化工作表。

(1)在工作表中选中 B2:B19 单元格,单击鼠标右键选择"设置单元格格式"选项的"数字",单击"文本"分类,再单击"确定"按钮。

(2)选中 D2:K19 区域,单击鼠标右键选择"设置单元格格式"选项的"数值",小数位数是"2",单击"确定"按钮。(参考实验一步骤(2))

(3)选中 A1:K19 区域,单击"开始"功能区的"单元格"组的"格式/自动调整行高"和"格式/自动调整列宽",调整行高列宽。

(4)选中 A1:K19 区域,单击"开始"功能区的"对齐方式"组的"左对齐",调整单元格对齐方式。

(5)选中 A1:K19 区域,单击"开始"功能区的"样式"组的"套用表格格式/表样式浅色 18",美化工作表。效果如图 3-10 所示。

2. 利用"条件格式"功能进行下列设置:将高数、语文、计算机三科中不低于 110 分的成绩所在的单元格以一种颜色填充,其余四科中高于 95 分的成绩以深红色填充深蓝色文本标出。

	A	B	C	D	E	F	G	H	I	J	K
1	班级	学号	姓名	高数	大学语文	计算机	英语	网络技术	体育	总分	平均分
2		160305	齐扬	91.50	89.00	94.00	92.00	91.00	86.00		
3		160203	苏山	93.00	99.00	92.00	86.00	86.00	73.00		
4		160104	孙丽敏	102.00	116.00	113.00	78.00	88.00	86.00		
5		160301	王晶华	99.00	98.00	101.00	95.00	91.00	95.00		
6		160306	谢安康	101.00	94.00	99.00	90.00	87.00	95.00		
7		160206	张霞	100.50	103.00	104.00	88.00	89.00	78.00		
8		160302	曾令军	78.00	95.00	94.00	82.00	90.00	93.00		
9		160204	张桂花	95.50	92.00	96.00	84.00	95.00	91.00		
10		160201	李伟	93.50	107.00	96.00	100.00	93.00	92.00		
11		160304	陈芳	95.00	97.00	102.00	93.00	95.00	92.00		
12		160103	杜学军	95.00	85.00	99.00	98.00	92.00	92.00		
13		160105	符合	88.00	98.00	101.00	89.00	73.00	95.00		
14		160202	向和	86.00	107.00	89.00	98.00	88.00	88.00		
15		160205	李广大	103.50	105.00	105.00	93.00	93.00	90.00		
16		160102	李小呐	110.00	97.00	99.00	95.00	93.00	93.00		
17		160303	刘锋锦	84.00	100.00	97.00	87.00	78.00	89.00		
18		160101	王鹏程	97.50	106.00	108.00	98.00	99.00	99.00		
19		160106	管小彤	90.00	111.00	116.00	72.00	95.00	93.00		

图 3-10　工作表格式设置

（1）在工作表中选中 D2:F19 区域，单击"开始"功能区的"条件格式/突出显示单元格规则/其他规则"，填写"单元格值"大于等于"110"分，单击"格式"按钮，在填充里选择任意一种颜色（这里选择"红色"），单击"确定"按钮。设置效果如图 3-11（a）。

（2）在工作表中选中 G2:J19 区域，单击"开始"功能区的"条件格式/突出显示单元格规则/大于"，填写"95"分，单击"格式"按钮，在"字体"和"填充"选项卡设置为"深红色填充深蓝色文本"，单击"确定"按钮。设置效果如图 3-11（b）所示。

（a）

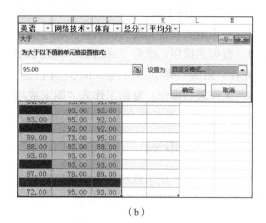

（b）

图 3-11 条件格式设置

3. 通过使用 SUM 和 AVERAGE 函数计算每一个学生的总分及平均成绩。（自动填充）

（1）单击 J2 单元格，在编辑框中输入求和函数"=SUM（A2:J2）"，单击"√"按钮，完成结果后会自动填充其他同列单元格结果。（参考实验一步骤（6））

（2）单击 K2 单元格，在编辑框中输入平均值函数"=AVERAGE（A2:J2）"，单击"√"按钮，完成结果后会自动填充其他同列单元格结果。完成操作后可以重新适当调整行高列宽。

4. 学号第 3、4 位代表学生所在的班级，如"160105"代表 16 级 1 班 5 号。利用排序方式将学号进行升序排列并填充在"班级"列中，"学号"的 3、4 位是 01、02、03，对应班级是 1 班、2 班、3 班。

（1）单击"学号"单元格，选择"数据/排序"的升序按钮，完成 B 列递增排列。

（2）"学号"的 3、4 位是 01、02、03，对应班级是 1 班、2 班、3 班，填充时会自动填充序列。首先在"A1"中输入"1 班"，鼠标选择"A1"单元格右下角拖移，填充后出现的"自动填充选项"进行"复制单元格"设置；同理在"A8"单元格和"A13"单元格分别输入"2 班"和

"3 班"并完成"自动填充操作"。完成效果如图 3-12 所示。

5. 复制工作表"期末成绩",位置放置到原表之后;同时改变副本工作表标签的颜色为红色,并重新命名为"分类汇总",保存文件。

（1）右键单击左下角"期末成绩"工作表,选择"移动或复制"弹出对话框勾上"建立副本"单选框,并单击"Sheet2"将复制的表放在原表后面,单击"确定"按钮。如图 3-13 所示。

（2）单击鼠标右键选择副本工作表"期末成绩（2）",将其重命名为"三个班成绩汇总",同时在工作表标签上单击鼠标右键给工作表填上颜色,如图 3-14 所示。

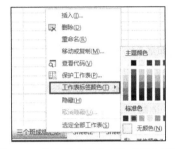

图 3-12 排序填充设置   图 3-13 建立副本对话框   图 3-14 重命名和修改工作表颜色设置

6. 完成操作,保存"Excel1.xlsx"文件。完成的工作表效果如图 3-15 所示。

班级	学号	姓名	高数	大学语文	计算机	英语	网络技术	体育	总分	平均分
1班	160101	王鹏程	97.50	106.00	108.00				607.50	101.25
1班	160102	李小呐		95.00	98.00		93.00	93.00	588.00	98.00
1班	160103	杜学军	95.00	85.00	99.00		92.00	92.00	561.00	93.50
1班	160104	孙丽敏	102.00			78.00	88.00	86.00	583.00	97.17
1班	160105	符合	88.00	98.00	101.00	89.00	73.00	95.00	544.00	90.67
1班	160106	管小彤	90.00			72.00	95.00	93.00	577.00	96.17
2班	160201	李伟	93.50	107.00	96.00		93.00	92.00	581.50	96.92
2班	160202	向和	86.00	107.00	89.00	88.00	92.00	88.00	550.00	91.67
2班	160203	苏山	93.00	99.00	92.00	86.00	86.00	73.00	529.00	88.17
2班	160204	张桂花	95.50	92.00	96.00	84.00	95.00	91.00	553.50	92.25
2班	160205	李广大	103.50	105.00	105.00	93.00	93.00	90.00	589.50	98.25
2班	160206	张霞	100.50	103.00	104.00	88.00	89.00	78.00	562.50	93.75
3班	160301	王晶华	99.00	98.00	101.00	95.00	91.00	95.00	579.00	96.50
3班	160302	曾令军	78.00	95.00	94.00	82.00	90.00	93.00	532.00	88.67
3班	160303	刘锋锦	84.00	100.00	97.00	87.00	78.00	89.00	535.00	89.17
3班	160304	陈芳	95.00	97.00	102.00	93.00	95.00	92.00	574.00	95.67
3班	160305	齐扬	91.50	89.00	94.00	92.00	91.00	86.00	543.50	90.58
3班	160306	谢安康	101.00	94.00	99.00	90.00	87.00	95.00	566.00	94.33

图 3-15 工作表最终完成效果

实验三 数据管理和分析

一、实验目的

1. 理解数据的合并计算。
2. 掌握 Excel 2013 数据排序、数据筛选及分类汇总的方法。

二、实验内容及要求

某部门统计了去年的开支信息的分析和汇总。请根据该开支表（"Excel2.xlsx"文件）,按如下实验要求完成对表的统计与分析工作。

1. 标题字体格式设置：对工作表进行格式调整，添加标题为"锦木公司业务部 2015 年开支明细"，格式设置为：合并居中、20 号、黑体、加粗、红色、行高 40。

2. 公式和函数中单元格的引用：在第 M 列求出总支出，第 15 行求出月均开销。在 B16 单元格中求总平均开销（所有数据平均值在 B3:L14 区域），数值都保留一位小数。

3. 函数 if 的应用：在"总支出"列前插入一列"综合消费指数"项，公式为"综合消费指数 = 总平均开销*总支出/1000"。在"总支出"列后插入一列"消费评价"项，根据"总支出"用 if 函数评价，若"综合消费指数"小于 2000 返回"正常"，若小于 3000 返回"超支"，若大于 3000 属于"严重超支"。（提示：总平均开销使用绝对引用）

4. 筛选的应用：筛选出办公用品、部门水电、差旅费字段都大于或等于 1000 元的消费；将他们的年月和 3 个字段的数据复制到 Sheet2 中（要求：不复制表格格式，只复制数值）；将 Sheet1 重命名为"一年开支明细"、Sheet2 重命名为"主要高支出月份"，删除 sheet3 工作表。

5. 排序的应用：在"一年开支明细"工作表中，按"总支出"从高到低排序，查看最高支出月份。

6. 工作表的操作：新建"第一季度总和"工作表放在最后，在表中求出第一季度的总支出。（将"一年开支明细"工作表中的"一月""二月""三月"的总支出分别粘贴在 3 个独立工作表中）。

7. 分类汇总的应用：将"一年开支明细"工作表复制到所有工作表的最后，并重命名为"分类汇总"，对表格中的数据进行分类汇总，设置"消费评价"为分类字段，"美食"为选定汇总项，"平均值"为汇总方式。

三、实验步骤

某部门统计了去年的开支信息的分析和汇总。请根据该开支表（"Excel2.xlsx"文件），按照如下要求完成统计和分析工作。

1. 请对工作表进行格式调整，添加标题"锦木公司业务部 2015 年开支明细"，格式设置为：合并居中、20 号、黑体、加粗、红色、行高 40。

（1）在"部门开支"工作表中，选中 A1:M1 区域，单击"开始"功能区的"对齐方式"组中选择"合并后居中"，在"字体"组中设置 20 号、黑体、加粗、红色。

（2）在"单元格"组"格式"中的行高输入"40"数值，效果如图 3-16 所示（阴影部分）。

图 3-16　标题格式设置

2. 在第 M 列求出总支出，第 15 行求出月均开销。在 B16 单元格中求总平均开销（所有数据平均值在 B3:L14 区域），数值都保留一位小数。

（1）单击 M3 单元格，单击 "Fx" 键弹出对话框。单击选择 SUM 函数，选取 B3:L3 区域，单击 "确定" 完成计算并自动填充 M 列结果，函数设置如图 3-17 所示。

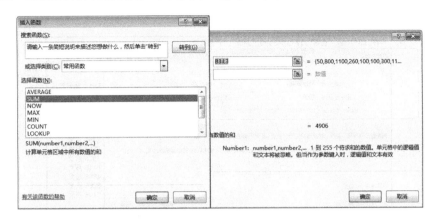

图 3-17　SUM 函数设置

（2）单击 B15 单元格，单击 "Fx" 键弹出对话框。选择 AVERAGE 函数，选取 B3:B14 区域，单击 "确定" 按钮，在 B15 单击鼠标右键选择 "设置单元格格式" 的 "数值" 分类。小数位数 "1"，完成计算并自动填充 15 行（B15:L15），如图 3-18 所示。

B16			f_x	=AVERAGE(B3:L14)								
	A	B	C	D	E	F	G	H	I	J	K	L
12	2015年10月	0	900	1000	280	0	0	500	1400	350	366	100
13	2015年11月	100	900	1000	120	0	50	100	0	420	366	200
14	2015年12月	60	1050	1100	350	0	80	500	1200	400	366	300
15	月均开销	85.0	837.5	1029.2	300.8	158.3	270.8	450.0	1015.8	447.5	366.0	183.3
16	总平均开销	467.7										
17												

图 3-18　AVERAGE 函数设置

（3）单击 B16 单元格，操作同上选择 AVERAGE 函数，选择区域是 B3:L14，完成计算后保留小数 1 位。

3. 在 "总支出" 列前插入一列 "综合消费指数" 项，综合消费指数 = 总平均开销*总支出/1000；在 "总支出" 列后插入一列 "消费评价" 项，根据 "总支出" 用 if 函数评价，若 "综合消费指数" 小于 2000 返回 "正常"，若小于 3000 返回 "超支"，若大于 3000 属于 "严重超支"。

（1）选中 M 列单击鼠标右键选择 "插入" 完成新的一列，并输入 "综合消费指数" 字段，单击 M3 单元格，在编辑框里输入 "=$B$16*N3/1000"（注意绝对引用），按 "Enter" 键完成计算，并自动填充整列结果。同时保留一位小数，设置效果如图 3-19 所示。

			f_x	=$B$16*N3/1000									
	A	B	C	D	E	F	G	H	I	J	K	L	M	N
				锦木公司业务部2015年开支明细										
年月	行政管理	办公用品	部门水电	通信	洗涤费	阅读培训	保险费	差旅费	机构代缴	公益活动	坏账损失	综合消费指数	总支出
2015年1月	50	800	1100	260	100	100	300	1180	350	366	300	2294.4	4906
2015年2月	0	600	900	1000	300	0	2000	1500	400	366	200	3398.1	7266
2015年3月	200	750	1000	300	200	60	200	1300	350	366	150	2280.3	4876
2015年4月	0	900	1000	300	100	80	300	1100	450	366	100	2196.2	4696
2015年5月	100	800	1000	150	200	0	600	1230	366	366	150	2289.7	4896
2015年6月	230	850	1050	200	100	100	200	0	500	366	200	1775.3	3796
2015年7月	100	750	1100	250	900	2600	300	0	500	366	100	3140.8	6716
2015年8月	50	900	1100	180	0	80	300	1100	1200	366	200	2607.7	5576
2015年9月	130	850	1000	200	0	0	200	2180	300	366	100	2546.9	5446
2015年10月	0	900	1000	280	0	0	500	1400	350	366	100	2289.7	4896
2015年11月	100	900	1000	120	0	50	100	0	420	366	200	1522.7	3256
2015年12月	60	1050	1100	350	0	80	500	1200	400	366	300	2528.2	5406
月均开销	85.0	837.5	1029.2	300.8	158.3	270.8	450.0	1015.8	447.5	366.0	183.3		
总平均开销	467.7												

图 3-19　公式输入设置

（2）同上操作，在"总支出"右侧添加"消费评价"字段，选中 O3 单元格单击"Fx"键弹出对话框，选择 if 函数，设置消费评价条件，函数参数设置如图 3-20 所示，完成判断单击"确定"按钮。

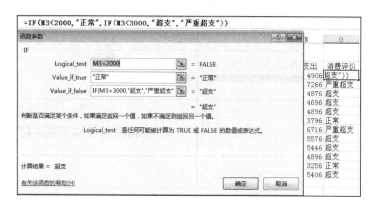

图 3-20　if 函数参数设置

4. 筛选出办公用品、部门水电、差旅费字段都大于或等于 1000 元的消费；将他们的年月和 3 个字段的数据复制到 Sheet2 中（要求：不复制表格格式，只复制数值）；将 Sheet1 重命名为"一年开支明细"、Sheet2 重命名为"主要高支出月份"，删除 sheet3 工作表。

（1）单击任一表格中单元格，在"数据"功能区中单击"筛选"按钮，表格中的字段出现下拉列表，分别选取办公用品、部门水电、差旅费 3 个字段，完成"大于等于 700"条件设置，效果如图 3-21 所示。

（2）根据条件将筛选出结果的内容复制到 Sheet2 中，并将工作表重命名为"主要高支出月份"，注意选择性粘贴操作（只粘贴数值不粘贴格式）。单击 Sheet3 右键选择"删除"，完成效果如图 3-22 所示。完成筛选操作后，再次单击"筛选"按钮取消下拉列表。

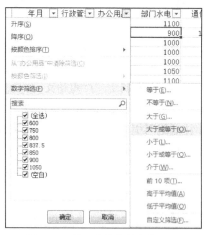

图 3-21　筛选中的条件参数设置　　　图 3-22　筛选得出效果的设置

5. 在"一年开支明细"工作表中，按"总支出"从高到低排序，查看最高支出月份。

选择 N3:N14 区域，单击选择"数据"功能区的"排序"快捷按钮，选择"降序"图标将数据从高到低排序，N 列由高到低进行排列；如果条件多于两个就选择"排序"按键进行多列排序，如图 3-23 所示。

锦木公司业务部2015年开支明细

年月	行政管理	办公用品	部门水电	通信	洗涤费	阅读培训	保险费	差旅费	机构代缴	公益活动	坏账损失	综合消费指数	总支出	消费评价
2015年2月	0	600	900	1000	300	0	2000	1500	400	366	200	3398.1	7266	严重超支
2015年7月	100	750	1100	250	900	2600	200	0	350	366	100	3140.8	6716	严重超支
2015年8月	50	900	1100	180	0	80	300	1100	1200	366	300	2607.7	5576	超支
2015年9月	130	850	1000	220	0	100	200	2180	300	366	100	2546.9	5446	超支
2015年12月	60	1050	1100	350	0	80	500	1200	400	366	300	2528.2	5406	超支
2015年1月	50	800	1100	260	100	100	300	1180	350	366	300	2294.4	4906	超支
2015年5月	100	800	1000	150	200	0	600	1230	300	366	150	2289.7	4896	超支
2015年10月	0	900	1000	280	0	0	500	1400	300	366	150	2289.7	4896	超支
2015年3月	200	750	1000	300	200	60	200	1300	350	366	150	2280.3	4876	超支
2015年4月	0	900	1000	300	100	80	300	1100	450	366	100	2196.2	4696	超支
2015年6月	230	850	1050	290	0	100	200	0	500	366	200	1775.3	3796	正常
2015年11月	100	900	1000	120	0	50	100	0	420	366	200	1522.7	3256	正常
月均开销	85.0	837.5	1029.2	300.8	158.3	270.8	450.0	1015.8	447.5	366.0	183.3			
总平均开销	467.7													

图 3-23　降序排列

6. 把新建的"第一季度总和"工作表放在最后,在表中求出第一季度的总支出。(将"一年开支明细"工作表中的"一月""二月""三月"的总支出分别粘贴在三个独立工作表中。)

(1)右键单击左下角工作表区域,选择"插入"选项,新建工作表并命名"第一季度总和"。

(2)将"一年开支明细"工作表中的 N3、N8、N11 单元格的数值分别粘贴到"一月""二月""三月"的 B2 单元格中,使用"选择性粘贴/数值"命令。

(3)完成 A 和 B 列的字段数据输入,分别是"季度""总支出",单击 B2 单元格选择"数据"功能区的"合并计算"按钮,分别添加"一月""二月""三月"的 B2 单元格,引用位置如图 3-24所示,添加后单击"确定"按钮完成合并计算。

(4)查看"第一季度总和"表的 B2 单元格结果,如图 3-25 所示。

图 3-24　合并计算参数设置

图 3-25　合并计算结果

7. 将"一年开支明细"工作表表复制到所有工作表的最后,并重命名为"分类汇总",对表格中的数据进行分类汇总,设置"消费评价"为分类字段,"美食"为选定汇总项,"平均值"为汇总方式。

(1)单击鼠标右键选择"一年开支明细"工作表点击"移动或复制"选择"移至最后"将副本工作表重命名为"分类汇总",如图 3-26 所示。

(2)在"分类汇总"工作表中,单击"消费评价"进行"升序"排列,并选择"数据"功能区的"分类汇总",如图 3-27 所示。

(3)设置"消费评价"为分类字段,"美食"为选定汇总项,"平均值"为汇总方式,完成分类效果如图 3-28 所示。

图 3-26　复制工作表设置

图 3-27　分类汇总参数设置

8. 完成操作，保存 Excel2.xlsx 文件。分类汇总最终效果如图 3-28 所示。

锦木公司业务部2015年开支明细

年月	行政管理	办公用品	部门水电	通信	洗涤费	阅读培训	保险费	差旅费	机构代缴	公益活动	坏账损失	综合消费指数	总支出	消费评价
2015年8月	50	900	1100	180	0	80	300	1100	1200	366	300	2607.7	5576	超支
2015年9月	130	850	1000	220	0	100	200	2180	300	366	100	2546.9	5446	超支
2015年12月	60	1050	1100	350	0	80	500	1200	400	366	300	2528.2	5406	超支
2015年1月	50	800	1100	260	100	100	300	1180	350	366	300	2294.4	4906	超支
2015年5月	100	800	1000	150	0	0	600	1230	300	366	150	2289.7	4896	超支
2015年10月	0	900	1000	280	0	0	500	1400	350	366	150	2289.7	4896	超支
2015年3月	200	750	1000	300	0	60	200	1300	300	366	150	2280.3	4876	超支
2015年4月	0	900	1000	300	100	80	300	1100	450	366	100	2196.2	4696	超支
													40698	超支 汇总
2015年2月	0	600	900	1000	300	0	2000	1500	400	366	200	3398.1	7266	严重超支
2015年7月	100	750	1100	250	900	2600	200	0	350	366	100	3140.8	6716	严重超支
													13982	严重超支 汇总
2015年6月	230	850	1050	200	100	100	200	0	500	366	200	1775.3	3796	正常
2015年11月	100	900	1000	120	0	50	100	0	420	366	200	1522.7	3256	正常
													7052	正常 汇总
月均开销	85.0	837.5	1029.2	300.8	158.3	270.8	450.0	1015.8	447.5	366.0	183.3			
总平均开销	467.7													
													61732	总计

图 3-28　分类汇总完成效果

实验四　图表和数据透视表的建立与编辑

一、实验目的

1. 理解 Excel 2013 图表功能。
2. 掌握 Excel 2013 图表的编辑与应用方法。
3. 掌握 Excel 2013 的数据透视表应用方法。

二、实验内容及要求

某学校教务处张老师，制作成绩分析表来掌握学生的考试情况。请根据"Excel3.xlsx"文件，完成期末成绩分析表的制作。实验要求如下。

1. 单元格格式设置：在"七年级"工作表最右侧依次插入"总分""平均分""排名"列；将工作表的第一行合并居中为一个单元格，并设置 22 号蓝色加粗字体。对班级成绩区域套用带标题行的"表样式中等深浅 12"的表格格式。设置所有列的对齐方式为居中，其中排名为整数，其他成绩的数值保留一位小数。

2. 公式计算与条件格式的设置：利用公式分别计算"总分""平均分""排名"列的值。对学生成绩不及格（小于 60）的单元格套用格式突出显示为"黄色（标准色）填充色红色（标准色）文本"。

3. 函数的应用：计算"七年级"工作表中，根据学生的学号，利用公式将其班级的名称填入"班级"列，规则为：学号的第二位为专业代码、第三位代表班级序号，即 01 为"01 班"，02 为"02 班"，03 为"03 班"。

4. 数据透视表的使用：根据"七年级"工作表，创建一个数据透视表，放置于表名为"班级平均分"的新工作表中，工作表标签颜色设置为红色。要求数据透视表中按照数学、语文、英语、地理、政治、体育的顺序统计各班各科成绩的平均分，其中行标签为班级。为数据透视表格内容套用带标题行的"数据透视表样式中等深浅 15"的表格格式，所有列的对齐方式设为居中，成绩的数值保留一位小数。

5. 图表的插入与编辑：在"班级平均分"工作表中，针对各课程的班级平均分创建二维的簇状柱形图，其中水平簇标签为"班级"，图例项为"课程名称"，将图表放置在表格下方的 A10:H30 区域中。完成柱形图后将图表类型更改为折线图，并在新的工作表中保存折线图。

三、实验步骤

1. 在"七年级"工作表最右侧依次插入"总分""平均分""排名"列；将工作表的第一行合并居中为一个单元格，并设置 22 号蓝色加粗字体。对班级成绩区域套用带标题行的"表样式中等深浅 12"的表格格式。设置所有列的对齐方式为居中，其中排名为整数，其他成绩的数值保留一位小数。

打开"Excel3.xlsx"文件，选择工作表"七年级"进行操作。在工作表中点击选中 J2 输入"总分"、选中 K2 输入"平均分"、选中 L2 输入"排名"。

（1）单击选中单元格 A1:L1 区域，在"开始"功能区中的"字体"选项中设置 22 号蓝色加粗字体，在"对齐方式"选项中设置"合并后居中"，如图 3-29 所示。

（2）选取 A2:L102 区域，在"开始"功能区单击"套用表格格式"中的"表样式中等深浅 12"表格格式，并设置"对齐方式"为"居中"，如图 3-30 所示。

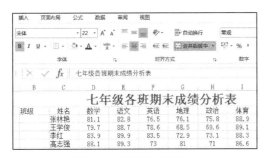

图 3-29　标题格式设置

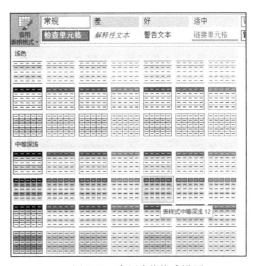

图 3-30　套用表格格式设置

（3）选择 D3:K102 区域，单击鼠标右键选择"设置单元格格式"的"数值"分类，设置小数位数为"1"。选择 L 列，选择"设置单元格格式"的"数值"分类，设置小数位数为"0"。

2. 利用公式分别计算"总分""平均分""排名"列的值。对学生成绩不及格（小于 60）的单元格套用格式突出显示为"黄色（标准色）填充色红色（标准色）文本"。

（1）单击 J3 单元格，选择 SUM 函数，选取 D3:I3 区域设置参数，如图 3-31 所示，单击"确定"按钮，完成计算并自动填充 J 列结果，如图 3-32 所示。

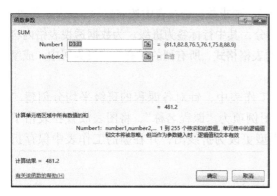

图 3-31 SUM 函数参数设置

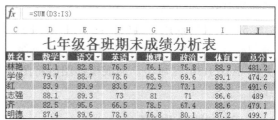

图 3-32 SUM 函数完成效果

（2）单击 K3 单元格，选择 AVERAGE 函数，选取 D3:I3 区域设置参数，如图 3-33 所示，单击"确定"按钮，完成计算并自动填充 K 列结果，如图 3-34 所示。

图 3-33 AVERAGE 函数参数设置

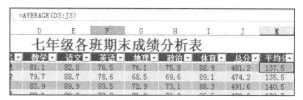

图 3-34 AVERAGE 函数完成效果

（3）单击 L3 单元格，选择 RANK 函数，设置参数，如图 3-35 所示，单击"确定"按钮，完成计算并自动填充 L 列结果，如图 3-36 所示。

图 3-35 RANK 函数参数设置

图 3-36 RANK 函数完成效果

（4）选择 C3:I102 区域，点击“开始”功能区的“条件格式”的“突出显示单元格规则/小于”，定义颜色为“黄色填充色红色文本”，如图 3-37 所示，设置小于 60 分的单元格。

3．“七年级”工作表中，根据学生的学号，利用公式将其班级的名称填入“班级”列，规则为：学号的第二位为专业代码、第三位代表班级序号，即 01 为“01 班”，02 为“02 班”，03 为“03 班”。

选择 B3 单元格并使用函数 MID 设置参数，如图 3-38 所示，在编辑框中输入“=MID("A3,3,2")&"班"”，求出班级后的完成效果如图 3-39 所示。（此处函数作为提高操作，该步骤也可以使用实验二中的步骤 4 完成操作）

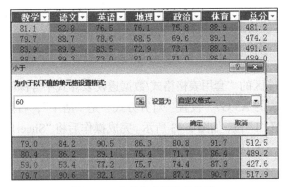

图 3-37　条件格式设置的效果

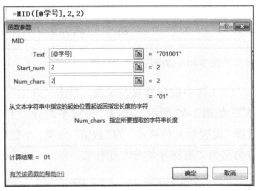

图 3-38　MID 函数参数设置

=MID([@学号],2,2)&"班"

学号	班级	姓名	数学	语文	英语	地理
701001	01班	张林艳	81.1	82.8	76.5	76.1
701002	01班	王学俊	79.7	88.7	78.6	68.5
701003	01班	李红	83.9	89.9	83.5	72.9
701004	01班	高志强	88.1	89.3	73.0	81.0
701005	01班	姚齐	82.5	95.6	66.5	78.5
701006	01班	高明德	87.4	89.6	78.6	76.8
701007	01班	杜倩	79.0	88.2	80.0	82.7
701008	01班	方仪琴	72.7	80.1	77.2	80.0
701009	01班	姚云琪	76.9	88.7	72.3	76.6
701010	01班	张小云	86.0	80.0	68.0	82.0
701011	01班	王刚	84.6	70.0	83.5	67.5
701012	01班	米雪	79.0	84.2	90.5	86.3
701013	01班	张雷	80.4	86.2	89.1	75.4
701014	01班	陈良	59.0	53.4	77.2	75.7
701015	01班	毛小峰	79.7	90.6	82.1	87.6
701016	01班	徐小飞	83.2	91.9	87.0	79.4
701017	01班	李志刚	79.7	86.8	93.5	85.2

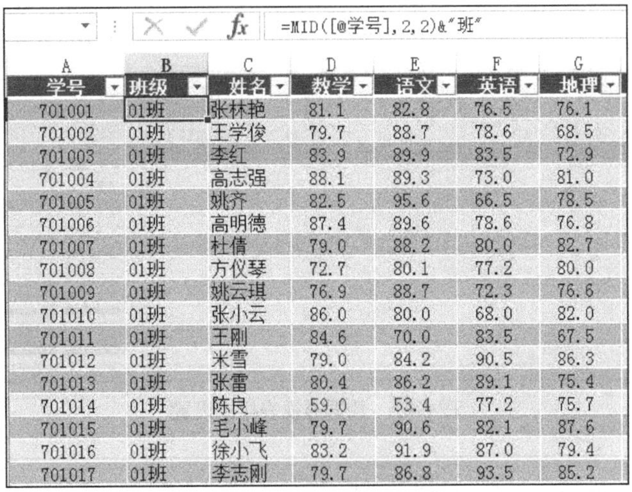

图 3-39　MID 函数完成效果

4．根据“七年级”工作表，创建一个数据透视表，放置于表名为“班级平均分”的新工作表中，工作表标签颜色设置为红色。要求数据透视表中按照数学、语文、英语、地理、政治、体育的顺序统计各班各科成绩的平均分，其中行标签为班级。为数据透视表格内容套用带标题行的“数据透视表样式中等深浅 15”的表格格式，所有列的对齐方式设为居中，成绩的数值保留一位小数。

（1）插入数据透视表，选中 K3 单元格点击“插入”功能区，选择“数据透视表”，弹出对话框如图 3-40 所示，设置工作表名称为“新的工作表”并保存，单击“确定”按钮；在新的工作表中出现“数据透明表”，将右侧“数据透视表字段”进行勾选并更改为平均值，如图 3-41 所示；数据透视表完成，双击“行标签”更改为“班级”。

图 3-40 数据透视表的创建

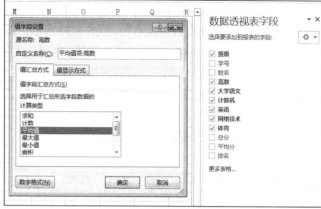

图 3-41 数据透视表的设置

（2）选中数据透视表区域，单击"开始"功能区的"套用表格格式/数据透视表样式中等深浅15"，如图 3-42 所示，选择"班级平均分"工作表的 A3:G7，设置"对齐方式"是"居中"，右键选择"设置单元格格式"的"数值"分类，小数保留"1"位，如图 3-43 所示。完成操作后将"Sheet1"重命名为"班级平均分"工作表。

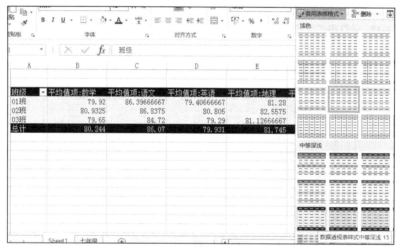

图 3-42 数据透视表样式设置

班级	平均值项:数学	平均值项:语文	平均值项:英语	平均值项:地理	平均值项:政治	平均值项:体育
01班	79.9	86.4	79.4	81.3	78.8	88.6
02班	80.9	86.8	80.8	82.6	79.3	89.2
03班	79.7	84.7	79.3	81.1	78.0	88.8
总计	80.2	86.1	79.9	81.7	78.8	88.9

图 3-43 数据透视表格式设置

5. 在"班级平均分"工作表中，针对各课程的班级平均分创建二维的簇状柱形图，其中水平簇标签为"班级"，图例项为"课程名称"，将图表放置在表格下方的 A10:H30 区域中。完成柱形图后将图表类型更改为折线图并在新的工作表中保存。

（1）打开"班级平均分"工作表，选取 A3:G6 区域，单击"插入"功能区的"图表"组，选择"柱形图/簇状柱形图"，图表自动生成，设置如图 3-44 所示，单击"确定"按钮。

（2）将图表移动到 A10:G30 区域中，如图 3-45 所示；选中柱形图表，单击"设计"功能区的"更改图表类型"，选择折线图，单击"确定"完成图表类型更改，如图 3-46 所示。

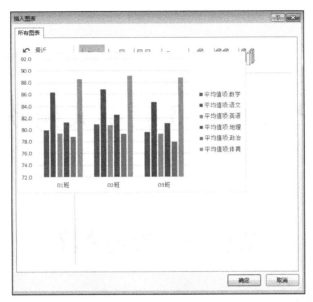

图 3-44　选择图表类型设置

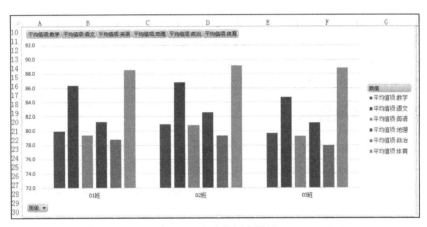

图 3-45　生成柱图表设置

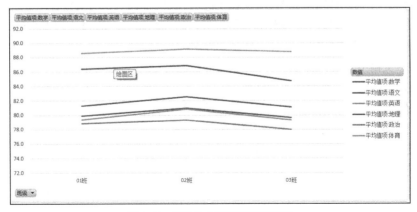

图 3-46　更改为折线图表类型设置

6. 完成操作，保存 Excel3.xlsx。

第4章
PowerPoint 2013 演示文稿软件实验

实验一　策划方案

一、实验目的

1. 理解演示文稿的制作过程。
2. 掌握幻灯片的插入、删除、更改版式等基本操作。
3. 掌握幻灯片对象的插入方法。
4. 理解幻灯片放映方案的定义，掌握放映方案的应用方法。

二、实验内容及要求

为了针对策划岗位新入职的员工进行岗前培训，培训师准备了一份以"Microsoft Office 图书"为主题的策划方案（"策划方案.docx"）。现在需要将策划方案 Word 文档中的内容制作为可以向新员工进行讲解与展示的 PowerPoint 演示文稿。请参考"策划方案.docx"文件，其要求如下。

1. 创建一个新的演示文稿，内容需要包含"策划方案.docx"文件中所有讲解的要点，演示文稿中的内容编排，需要严格遵循 Word 文档中的内容顺序，而且仅需要包含 Word 文档中相应的文字内容，将 Word 文档中的小标题作为每页幻灯片的标题文字，Word 文档中小标题下面的文本内容作为每页幻灯片的文本内容。

2. 将演示文稿中的第一页幻灯片，调整为"标题幻灯片"版式。

3. 为演示文稿应用一个美观的主题样式。

4. 在标题为"2016 年同类图书销量统计"的幻灯片页中，插入一个 6 行、5 列的表格，列标题分别为"图书名称""出版社""作者""定价""销量"。

5. 在标题为"新版图书创作流程示意"的幻灯片页中，将文本框中包含的流程文字利用 SmartArt 图形展现。

6. 在该演示文稿中创建一个演示方案，该演示方案包含第 1、2、4、7 页幻灯片，并将该演示方案命名为"放映方案 1"。

7. 在该演示文稿中创建一个演示方案，该演示方案包含第 1、2、3、5、6 页幻灯片，并将该演示方案命名为"放映方案 2"。

8. 保存制作完成的演示文稿，并将其命名为"PowerPoint.pptx"。

三、实验步骤

1. 创建一个新的演示文稿，内容需要包含"策划方案.docx"文件中所有讲解的要点，演示文稿中的内容编排，需要严格遵循 Word 文档中的内容顺序，而且仅需要包含 Word 文档中相应的文字内容，将 Word 文档中的小标题作为每页幻灯片的标题文字，Word 文档中小标题下面的文本内容作为每页幻灯片的文本内容。

（1）打开 Microsoft PowerPoint 2013，新建一个空白演示文稿。默认第 1 张为"标题"幻灯片，需选择第 1 张幻灯片，单击鼠标右键，在弹出的快捷菜单中选择"删除幻灯片"菜单命令，将其删除。

（2）在"开始"选项卡下的"幻灯片"组中单击"新建幻灯片"下三角按钮，在弹出的下拉列表中选择恰当的版式。此处选择"节标题"幻灯片，如图 4-1 所示，然后输入标题"Microsoft Office 图书策划案"。

图 4-1　"节标题"幻灯片

（3）按照同样的方式新建第二张幻灯片为"两栏内容"。

（4）在标题中输入"推荐作者简介"，在两侧的上下文本区域中分别输入素材文件"推荐作者简介"对应的二级标题和三级标题的段落内容。

（5）按照同样的方式新建第三张幻灯片为"标题和内容"。

（6）在标题中输入"Office 2013 的十大优势"，在文本区域中输入素材中"Office 2013 的十大优势"对应的二级标题内容。

（7）新建第四张幻灯片为"标题和竖排文字"。

（8）在标题中输入"新版图书读者定位"，在文本区域中输入素材中"新版图书读者定位"对应的二级标题内容。

（9）新建第五张幻灯片为"垂直排列标题与文本"。

（10）在标题中输入"PowerPoint 2013 创新的功能体验"，在文本区域中输入素材中"PowerPoint 2013 创新的功能体验"对应的二级标题内容。

（11）依据素材中对应的内容，新建第六张幻灯片为"仅标题"。

（12）在标题中输入"2015 年同类图书销量统计"字样。

（13）新建第七张幻灯片为"标题和内容"。输入标题"新版图书创作流程示意"字样，在文本区域中输入素材中"新版图书创作流程示意"对应的内容。

（14）选中文本区域里在素材中应是三级标题的内容，单击鼠标右键，在弹出的下拉列表中选择项目符号，把内容调整为三级格式。

2. 将演示文稿中的第一页幻灯片，调整为"标题幻灯片"版式。

选定第一张幻灯片，在"开始"选项卡下的"幻灯片"组中单击"版式"下三角按钮，在弹出的下拉列表中选择"标题幻灯片"，即可将"节标题"调整为"标题幻灯片"，如图 4-2 所示。

3. 为演示文稿应用一个美观的主题样式。

在"设计"选项卡下，选择一种合适的主题，此处选择"主题"组中的"木头类型"，则"木头类型"主题就可以应用于所有幻灯片，如图 4-3 所示。

4. 在标题为"2016 年同类图书销量统计"的幻灯片页中，插入一个 6 行、5 列的表格，列标题分别为"图书名称""出版社""作者""定价""销量"。

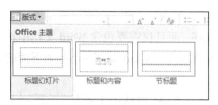

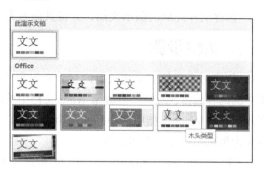

图 4-2　幻灯片版式更改图　　　　　　　　　　　　图 4-3　演示文稿主题设置

（1）选中第六张幻灯片，在"插入"选项卡下的"表格"组中单击"表格"下三角按钮，在弹出的下拉列表中选择"插入表格"命令，即可弹出"插入表格"对话框，如图 4-4 所示。

（2）在"列数"微调框中输入"5"，在"行数"微调框中输入"6"，然后单击"确定"按钮即可在幻灯片中插入一个 6 行、5 列的表格，如图 4-5 所示。

图 4-4　"插入表格"对话框　　　　　　　　　图 4-5　设置表格行、列

（3）在表格中分别依次输入列标题"图书名称""出版社""作者""定价""销量"。

5．在标题为"新版图书创作流程示意"的幻灯片页中，将文本框中包含的流程文字利用 SmartArt 图形展现。

（1）选中第七张幻灯片，在"插入"选项卡下的"插图"组中单击"SmartArt"按钮，弹出"选择 SmartArt 图形"对话框，如图 4-6 所示。

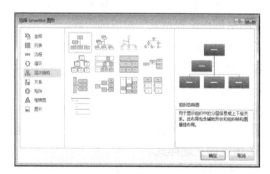

图 4-6　"选择 SmartArt 图形"对话框

（2）选择一种与文本内容的格式相对应的图形，此处选择"组织结构图"命令，单击"确定"

按钮即可插入 SmartArt 图形。依据文本对应的格式，需要对插入的图形进行格式的调整。选中矩形，按 "Backspace" 键即可将其删除。

（3）选中矩形，在 "SmartArt 工具" 中的 "设计" 选项卡下，单击 "创建图形" 组中的 "添加形状" 按钮，在弹出的下拉列表中选择 "在后面添加形状"。继续选中此矩形，采取同样的方式再进行一次 "在后面添加形状" 的操作，如图 4-7 所示。

（4）依旧选中此矩形，在 "创建图形" 组中单击 "添加形状" 按钮，在弹出的下拉列表中进行两次 "在下方添加形状" 的操作，即可得到与幻灯片文本区域相匹配的框架图。

（5）按照样例中文字的填充方式把幻灯片内容区域中的文字分别剪贴到对应的矩形框中。

6. 在该演示文稿中创建一个演示方案，该演示方案包含第 1、2、4、7 页幻灯片，并将该演示方案命名为 "放映方案 1"。

（1）在 "幻灯片放映" 选项卡下的 "开始放映幻灯片" 组中单击 "自定义幻灯片放映" 下三角按钮，选择 "自定义放映" 命令，弹出 "自定义放映" 对话框，如图 4-8 所示。

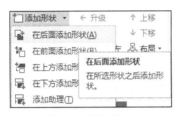

图 4-7　添加形状

图 4-8　自定义放映

（2）单击 "新建" 按钮，弹出 "定义自定义放映" 对话框。在 "在演示文稿中的幻灯片" 列表框中选择 "1.Microsoft Office 图书策划案"，然后单击 "添加" 命令即可将幻灯片 1 添加到 "在自定义放映中的幻灯片" 列表框中。如图 4-9 所示。

（3）按照同样的方式分别将幻灯片 2、幻灯片 4、幻灯片 7 添加到右侧的列表框中。

（4）单击 "确定" 按钮后返回到 "自定义放映" 对话框。单击 "编辑" 按钮，在弹出的 "幻灯片放映名称" 文本框中输入 "放映方案 1"，单击 "确定" 按钮后即可重新返回到 "自定义放映" 对话框。单击 "关闭" 按钮后即可在 "幻灯片放映" 选项卡下 "开始放映幻灯片" 组中的 "自定义幻灯片放映" 下三角按钮中看到最新创建的 "放映方案 1" 演示方案。

7. 在该演示文稿中创建一个演示方案，该演示方案包含第 1、3、5、6 页幻灯片，并将该演示方案命名为 "放映方案 2"。

按照（6）同样的方法为第 1、2、3、5、6 页幻灯片创建名为 "放映方案 2" 的演示方案。创建完毕后即可在 "幻灯片放映" 选项卡下 "开始放映幻灯片" 组中的 "自定义幻灯片放映" 下三角按钮中看到最新创建的 "放映方案 2" 演示方案，如图 4-10 所示。

图 4-9　"在自定义放映中的幻灯片" 对话框

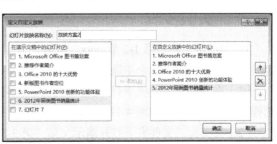

图 4-10　放映方案 2

8. 保存制作完成的演示文稿，并将其命名为"PowerPoint.pptx"。

单击"文件"选项卡下的"另存为"按钮将制作完成的演示文稿保存为"PowerPoint.pptx"文件。

实验二　计算机课件的制作

一、实验目的

1. 掌握演示文稿的主题操作及演示文稿的合并方法。
2. 熟练掌握幻灯片的插入及版式设计方法。
3. 掌握幻灯片的各种动画效果的使用方法。
4. 掌握幻灯片的超链接及页眉和页脚的设置方法。

二、实验内容及要求

某学校计算机老师要求学生两人一组制作一份计算机课件。王同学与李同学自愿组合，他们制作完成的第一章后三节内容见文档"第 3-5 节.pptx"，其他同学制作完成的前两节内容则存放在文本文件"第 1-2 节.pptx"中。现在需要李同学完成课件的整合制作。其具体要求如下。

1. 为演示文稿"第 1-2 节.pptx"指定一个合适的设计主题；为演示文稿"第 3-5 节.pptx"指定另一个设计主题，两个主题应不同。

2. 将演示文稿"第 3-5 节.pptx"和"第 1-2 节.pptx"中的所有幻灯片合并到"计算机课件.pptx"，要求所有幻灯片保留原来的格式。

3. 在"计算机课件.pptx"的第 3 张幻灯片之后插入一张版式为"标题和内容"的幻灯片，输入标题文字"计算机的分类"，在标题下方制作一张射线列表式关系图，样例参考"计算机分类.docx"，所需图片在实验二文件夹中。为该关系图添加适当的动画效果，要求同一级别的内容同时出现、不同级别的内容先后出现。

4. 在第 6 张幻灯片后插入一张版式为"标题和内容"的幻灯片，在该张幻灯片中插入与素材"计算机主要硬件.docx"文档中所示相同的表格，并为该表格添加适当的动画效果。

5. 将第 3 张、第 6 张幻灯片的相关文字分别链接到第 4 张、第 7 张幻灯片。

6. 除标题页外，为幻灯片添加编号及页脚，页脚内容为"第一章 计算机基础知识"。

7. 为幻灯片设置适当的切换方式，以丰富放映效果。

三、实验步骤

1. 为演示文稿"第 1-2 节.pptx"指定一个合适的设计主题；为演示文稿"第 3-5 节.pptx"指定另一个设计主题，两个主题应不同。

（1）在实验二文件夹下打开演示文稿"第 1-2 节.pptx"，在"设计"选项卡下"主题"组中，选择"水滴"选项。如图 4-11 所示。

（2）在实验二文件夹下打开演示文稿"第 3-5 节.pptx"，按同样的方式，在"设计"选项卡下"主题"组中选择"积分"选项。

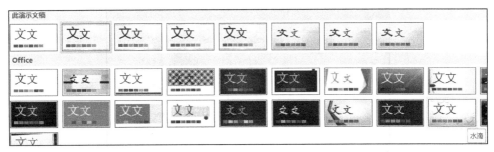

图 4-11　"水滴"主题

2. 将演示文稿"第 3-5 节.pptx"和"第 1-2 节.pptx"中的所有幻灯片合并到"计算机课件.pptx",
要求所有幻灯片保留原来的格式。以后的操作均在文档"计算机课件.pptx"中进行。

新建一个演示文稿并命名为"计算机课件.pptx",在"开始"选项卡下"幻灯片"组中单击
"新建幻灯片"下拉按钮,从弹出的下拉列表中选择"重用幻灯片",打开"重用幻灯片"任务窗
口,如图 4-12 所示,单击"浏览"按钮,选择"浏览文件",弹出"浏览"对话框,如图 4-13 所
示,从实验二文件夹下选择"第 1-2 节.pptx",单击"打开"按钮,勾选"重用幻灯片"任务窗格
中的"保留源格式"复选框,分别单击这四张幻灯片。将光标定位到第四章幻灯片之后,单击"浏
览"按钮,选择"浏览文件",弹出"浏览"对话框,从实验二文件夹下选择"第 3-5 节.pptx",
单击"打开"按钮,勾选"重用幻灯片"任务窗格中的"保留源格式"复选框,分别单击每张幻
灯片。关闭"重用幻灯片"任务窗格。

图 4-12　"重用幻灯片"窗口

图 4-13　选择合并的幻灯片

3. 在"计算机课件.pptx"的第 3 张幻灯片之后插入一张版式为"标题和内容"的幻灯片,
输入标题文字"计算机的分类",在标题下方制作一张射线列表式关系图,样例参考"计算机分
类.docx",所需图片在实验二文件夹中。为该关系图添加适当的动画效果,要求同一级别的内容
同时出现、不同级别的内容先后出现。

（1）在普通视图下选中第 3 张幻灯片,在"开始"选项卡下"幻灯片"组中单击"新建幻灯
片"下拉按钮,从弹出的下拉列表中选择"标题和内容",输入标题文字"计算机分类"。

（2）单击"SmartArt"按钮,弹出"选择 SmartArt 图形"对话框,如图 4-14 示,选择"关系"
中的"射线列表",单击"确定"按钮。

（3）参考"计算机分类.docx",在对应的位置插入图片和输入文本。

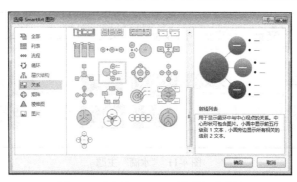

图 4-14　"选择 SmartArt 图形"对话框

（4）为 SmartArt 图形设置一种动画效果。选中 SmartArt 图形，此处在"动画"选项卡下"动画"组中单击"浮入"，然后单击"效果选项"按钮，从弹出的下拉列表中选择"逐个级别"，如图 4-15 所示。

4. 在第 6 张幻灯片后插入一张版式为"标题和内容"的幻灯片，在该张幻灯片中插入与素材"计算机主要硬件.docx"文档相同的表格，并为该表格添加适当的动画效果。

（1）在普通视图下选中第 6 张幻灯片，在"开始"选项卡下"幻灯片"组中单击"新建幻灯片"下拉按钮，从弹出的下拉列表中选择"标题和内容"，输入标题"计算机主要硬件"。

（2）参考素材"计算机主要硬件.docx"，在第 7 张幻灯片中插入表格，并在相应的单元格输入文本（或者复制粘贴过来进行相应修改）。

（3）为该表格添加适当的动画效果。选中表格，此处在"动画"选项卡下"动画"组中单击"形状"按钮，然后单击"效果选项"按钮，弹出下拉列表，设置形状"方向"为"放大"，设置"形状"为"方框"，如图 4-16 所示。

图 4-15　选择"逐个"动画

图 4-16　选择动画

5. 将第 3 张、第 6 张幻灯片的相关文字分别链接到第 4 张、第 7 张幻灯片。

选中第 3 张幻灯片中的文字"计算机分类"，单击"插入"选项卡下"链接"组中的"超链接"按钮，弹出"插入超链接"对话框，在"链接到："下单击"本文档中的位置"，在"请选择文档中的位置"中选择第 4 张幻灯片，如图 4-17 所示，然后单击"确定"按钮。按照同样方法将第 6 张幻灯片的相关文字链接到第 7 张幻灯片。

6. 除标题页外，为幻灯片添加编号及页脚，页脚内容为"第一章　计算机基础知识"。

在"插入"选项卡下"文本"组中单击"页眉和页脚"按钮，弹出"页眉和页脚"对话框，勾选"幻灯片编号""页脚"和"标题幻灯片中不显示"复选框，在"页脚"下的文本框中输入"第一章 计算机基础知识"，单击"全部应用"按钮，如图 4-18 所示。

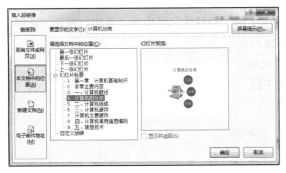

图 4-17　超链接

图 4-18　页眉和页脚

7. 为幻灯片设置适当的切换方式，以丰富放映效果。

在"切换"选项卡的"切换到此幻灯片"组中选择一种切换方式，此处选择"推进"，单击"效果选项"下拉按钮，从弹出的下拉列表中选择"自右侧"，如图 4-19 所示，再单击"计时"组中的"全部应用"按钮，保存演示文稿。

图 4-19　切换效果

实验三　某酒店员工入职培训

一、实验目的

1. 掌握幻灯片版式更改及幻灯片母版的设计与应用。
2. 掌握幻灯片动画及幻灯片切换的应用方法。

二、实验内容及要求

张晓明是某酒店的人事专员，春节过后，酒店招聘一批新员工，需要对他们进行入职培训。人事助理已经制作了一份演示文稿的素材"某酒店员工入职培训.pptx"，需进行美化与修改。其要求如下。

1. 将第 2 张幻灯片版式设为"标题和竖排文字"，将第 4 张幻灯片的版式设为"比较"，为整个演示文稿指定一个恰当的设计主题。

2. 设计幻灯片母版，为每张幻灯片增加利用艺术字制作的水印效果，水印文字中应包含"×××酒店"字样，并旋转一定的角度。

3. 根据第 5 张幻灯片右侧的文字内容创建一个组织结构图，其中总经理助理为助理级别，结果应类似 Word 样例文件"组织结构图样例.docx"中所示，并为该组织结构图添加任一动画效果。

4. 为第 6 张幻灯片左侧的文字"员工守则"加入超链接，链接到 Word 素材文件"员工守则.docx"，并为该张幻灯片添加适当的动画效果。

5. 为演示文稿设置不少于 3 种的幻灯片切换方式。

三、实验步骤

1. 打开"某酒店员工入职培训.pptx"，将第 2 张幻灯片版式设为"标题和竖排文字"，将第 4 张幻灯片的版式设为"比较"，为整个演示文稿指定一个恰当的设计主题。

（1）选中第 2 张幻灯片，单击"开始"选项卡下的"幻灯片"组中的"版式"按钮，在弹出的下拉列表中选择"标题和竖排文字"，如图 4-20 所示。

（2）采用同样的方式将第 4 张幻灯片设为"比较"。

（3）在"设计"选项卡下，选择一种合适的主题，此处选择"主题"组中的"柏林"，将"柏林"主题应用于所有幻灯片，如图 4-21 所示。

图 4-20　幻灯片更改版式

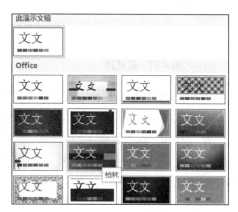

图 4-21　主题设计

2. 通过幻灯片母版为每张幻灯片增加利用艺术字制作的水印效果，水印文字中应包含"×××酒店"字样，并旋转一定的角度。

（1）在"视图"选项卡下的"母版视图"组中，单击"幻灯片母版"按钮，即可将所有幻灯片应用于母版。

（2）单击母版幻灯片中的任一处，然后单击"插入"选项卡下"文本"组中的"艺术字"按钮，在弹出的下拉列表中选择一种样式，此处选择"填充—白色，文本 1，阴影"，如图 4-22 所示，然后输入"×××酒店"五个字。输入完毕后选中艺术字，在"绘图工具"下的"格式"选项卡中单击"艺术字样式"组中的"文本效果"下拉按钮。在弹出的下拉列表中选中"三维旋转"选项，在"平行"组中选择一种合适的旋转效果，此处选择"等轴左下"效果，如图 4-23 所示。

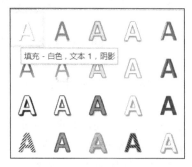

图 4-22　艺术字样式

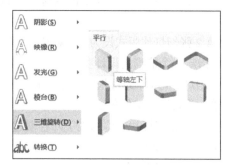

图 4-23　艺术字三维效果

（3）将艺术字存放至剪贴板中。

（4）重新切换至"幻灯片母版"选项卡下，在"背景"组中单击"背景样式"下的"设置背景格式"按钮，打开"设置背景格式"对话框。在"填充"组中选择"图片或纹理填充"单选按钮，在"插入图片来自"中单击"剪贴板"按钮，此时存放于剪贴板中的艺术字就被填充到背景中，如图 4-24 所示。

（5）若是艺术字颜色较深，还可以在"图片颜色"选项下的"重新着色"中设置"预设"的样式，此处选择"冲蚀"样式，设置完毕后单击"关闭"按钮，如图 4-25 所示。

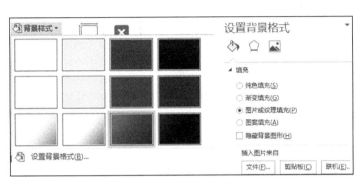

图 4-24　背景样式及格式　　　　　　　图 4-25　图片重新着色

（6）最后单击"幻灯片母版"选项卡下的"关闭"组中的"关闭母版视图"命令，即可看到，所有的幻灯片中都应用了艺术字制作的"×××酒店"水印效果。

3. 根据第 5 张幻灯片右侧的文字内容创建一个组织结构图，其中总经理助理为助理级别，结果应类似 Word 样例文件"组织结构图样例.docx"中所示，并为该组织结构图添加任一动画效果。

（1）选中第 5 张幻灯片，单击内容区域，在"插入"选项卡下的"插图"组中单击"SmartArt"按钮，弹出"选择 SmartArt 图形"对话框，选择一种较为接近素材中"组织结构图样例.docx"的样例文件，此处选择"层次结构"组中的"组织结构图"，如图 4-26 所示。

（2）单击"确定"后即可在选中的幻灯片内容区域中出现所选的"组织结构图"。选中矩形，然后选择"SmartArt 工具"下的"设计"选项卡，在"创建图形"组中单击"添加形状"按钮，在弹出的下拉列表中选择"在下方添加形状"。采取同样的方式再进行两次"在下方添加形状"操作，如图 4-27 所示。

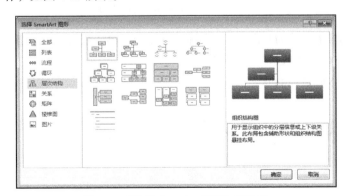

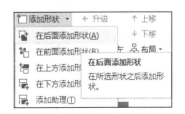

图 4-26　"选择 SmartArt 图形"对话框　　　　图 4-27　添加形状

（3）选中矩形，在"创建图形"组中单击"添加形状"按钮，在弹出的下拉列表中选择"在前面添加形状"选项，即可得到与幻灯片右侧区域中的文字相匹配的框架图。

（4）按照样例中文字的填充方式把幻灯片右侧内容区域中的文字分别剪贴到对应的矩形框中。

（5）选中设置好的 SmartArt 图形，在"动画"选项卡下"动画"组中选择一种合适的动画效果，此处选择"飞入"。

4．为第 6 张幻灯片左侧的文字"员工守则"加入超链接，链接到 Word 素材文件"员工守则.docx"，并为该张幻灯片添加适当的动画效果。

（1）选中第 6 张幻灯片左侧的文字"员工守则"，在"插入"选项卡下的"链接"组中单击"超链接"按钮，弹出"插入超链接"对话框，如图 4-28 所示。选择"现有文件或网页"选项，在右侧的"查找范围"中查找到"员工守则.docx"文件。

图 4-28 "插入超链接"对话框

（2）单击"确定"按钮后即可为"员工守则"插入超链接。

（3）选中第 6 张幻灯片中的某一内容区域，此处选择左侧内容区域。在"动画"选项卡下"动画"组中选择一种合适的动画效果，此处选择"浮入"，如图 4-29 所示。

5．为演示文稿设置不少于 3 种的幻灯片切换方式。

（1）此处选择第 1 张幻灯片，在"切换"选项卡下"切换到此幻灯片"组中选择一种切换效果，此处选择"淡出"，如图 4-30 所示。

图 4-29 动画效果

图 4-30 幻灯片切换

（2）再选中两张幻灯片，按照同样的方式为其设置切换效果，这里设置第 3 张幻灯片的切换效果为"分割"，再设置第 4 张幻灯片的切换效果为"百叶窗"。

（3）保存幻灯片为"某酒店员工入职培训.pptx"文件。

实验四　神舟十号幻灯片制作

一、实验目的

1．熟练掌握幻灯片的插入及演示文稿的主题应用。

2. 掌握幻灯片对象的插入方法。

3. 掌握幻灯片的动画设计及切换效果。

二、实验内容及要求

"神舟十号"发射成功，并完成与天空一号对接等任务，全国人民为之振奋、鼓舞，航天城中国航天博览馆讲解员受领了制作"神舟十号简介"的演示幻灯片的任务。现根据实验四文件夹下的"神舟十号素材.docx"的素材，完成制作演示文稿的制作任务。其要求如下。

1. 演示文稿中至少包含 7 张幻灯片，而且要有标题幻灯片和致谢幻灯片。幻灯片必须选择一种主题，要求字体的色彩合理、美观大方，幻灯片的切换要用不同的效果。

2. 标题幻灯片的标题为 "神舟十号"飞船简介，副标题为"中国航天博览馆 北京 2013 年 6 月"。内容幻灯片选择合理的版式，根据素材中对应标题"概括、飞船参数与飞行计划、飞船任务、航天员乘组"的内容各制作一张幻灯片，"精彩时刻"制作两三张幻灯片。

3. "航天员乘组"和"精彩时刻"的图片文件均存放于实验四文件夹下，航天员的简介根据幻灯片的篇幅情况需要进行精简，播放时文字和图片要有动画效果。

三、实验步骤

1. 演示文稿中至少包含 7 张幻灯片，要有标题幻灯片和致谢幻灯片。幻灯片必须选择一种主题，要求字体的色彩合理、美观大方，幻灯片的切换要用不同的效果。

（1）根据素材文件"神舟十号.docx"，首先制作 7 张幻灯片。打开 Microsoft PowerPoint 2013，新建一个空白演示文稿。新建第 1 张为"标题"幻灯片（由于新建一个空白演示文稿默认第 1 张是标题幻灯片，这里不需要新建）。

（2）新建第 2 张"标题和竖排文字"幻灯片。在"开始"选项卡下的"幻灯片"组中单击"新建幻灯片"下三角按钮，在弹出的下拉列表中选择"标题和竖排文字"即可，如图 4-31 所示。按照同样的方式依次建立后续幻灯片。为素材中的"飞船参数与飞行计划"对应的段落新建第 3 张"垂直排列标题与文本"幻灯片，为"飞船任务"对应的段落新建第 4 张"标题和内容"幻灯片，为"航天员乘组"新建第 5 张"空白"幻灯片，为"精彩时刻"对应的段落再新建 3 张幻灯片，分别是第 6 张"比较"幻灯片、第 7 张"两栏内容"幻灯片、第 8 张"比较"幻灯片。最后再新建一张为"仅标题"致谢形式的幻灯片。

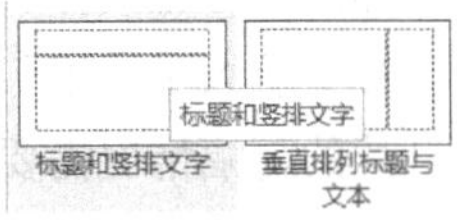

图 4-31　幻灯片插入

（3）为所有的幻灯片设置一种恰当的主题。在"设计"选项卡下的"主题"组中单击"其他"下三角按钮，在弹出的列表中选择一种恰当的主题，此处选择"切片"，如图 4-32 所示。

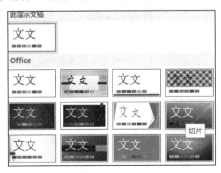

图 4-32　设计主题

（4）选择第 1 张幻灯片，在"切换"选项卡下"切换到此幻灯片"组中选择一种恰当的切换效果，此处选择"切片"效果，如图 4-33 所示。

（5）再选取两张幻灯片，按照同样的方式为其设置切换效果。设置第 4 张幻灯片的切换效果为"闪光"，再设置第 7 张幻灯片的切换效果为"百叶窗"。

图 4-33　幻灯片切换

2. 标题幻灯片的标题为 "神舟十号"飞船简介，副标题为"中国航天博览馆 北京 2013 年 6 月"。内容幻灯片选择合理的版式，根据素材中对应标题"概括、飞船参数与飞行计划、飞船任务、航天员乘组"的内容各制作一张幻灯片，"精彩时刻"制作两三张幻灯片。

（1）选中第 1 张幻灯片，单击"单击此处添加标题"标题占位符，输入 "神舟十号"飞船简介"字样，然后在"开始"选项卡下的"字体"组中单击"字体"下三角按钮，在弹出的下拉列表中选择恰当的字体，此处选择"微软雅黑"；单击"字号"下三角按钮，在弹出的下拉列表中选择恰当的字号，此处选择"44"。在相应的副标题中输入"中国航天博览馆 北京 2013 年 6 月"字样，按照同样的方式为副标题设置字体为"黑体"，字号为"36"。

（2）选中第 2 张幻灯片，输入素材中的"概况"对应的段落内容。输入完毕后选中文本内容，在"开始"选项卡下的"字体"组中单击"字体"下三角按钮，在弹出的下拉列表中选择恰当的字体，此处选择"黑体"；单击"字号"下三角按钮，在弹出的下拉列表中选择恰当的字号，此处选择"20"。选中标题，按照同样的方式设置字体为"华文彩云"，字号为"36"。

（3）选中第 3 张幻灯片，输入素材中"飞船参数与飞行计划"对应的段落。然后选中文本内容，在"开始"选项卡下的"字体"组中单击"字体"下三角按钮，在弹出的下拉列表中选择恰当的字体，此处选择"华文仿宋"；单击"字号"下三角按钮，在弹出的下拉列表中选择恰当的字号，此处选择"20"。选中标题，按照同样的方式设置字体为"华文楷体"，字号为"40"。

（4）选中第 4 张幻灯片，输入"飞船任务"对应的段落。按照上述同样的方式设置文本内容的字体为"方正姚体"，字号为"20"；设置标题的字体为"方正姚体"，字号为"36"。

3. "航天员乘组"和"精彩时刻"的图片文件均存放于实验四文件夹下，航天员的简介根据幻灯片的篇幅情况需要进行精简，播放时文字和图片要有动画效果。

（1）选中第 5 张"空白"幻灯片，在"插入"选项卡中的"文本"组中单击"文本框"下三角按钮，在弹出的下拉列表中选择"横排文本框"命令，如图 4-34 所示，然后在空白处拖动鼠标即可绘制文本框。将光标置于文本框中，然后在"插入"选项卡中的"图像"组中单击"图片"按钮，弹出"插入图片"对话框，如图 4-35 所示，选择素材中的"聂海胜.jpg"，然后单击"插入"按钮即可在文本框中插入图片。

图 4-34　文本框插入

图 4-35　"插入图片"对话框

（2）按照创建"聂海胜.jpg"图片的相同方式分别再创建"张晓光.jpg""王亚平.jpg"，然后拖动文本框四周的占位符适当缩放图片的大小，并移动图片至合适的位置处。

（3）分别为三张图片设置恰当的动画效果。选中"聂海胜.jpg"图片，在"动画"选项卡下"动画"组中选择一种合适的动画效果，此处选择"浮入"。按照同样的方式为另外两张图片分别设置"劈裂"及"轮子"样式的动画效果，如图 4-36 所示。

图 4-36　动画效果

（4）再按照步骤 1 中创建文本框的方式分别再各自新建 3 个文本框，并在对应的文本框中分别输入文字介绍，然后设置合适的字体字号，最后移动至三幅图片相应的上方。

（5）按照为图片设置动画效果同样的方式为三幅图片的文字介绍设置动画效果，此处从左至右分别设为"淡出""飞入"及"旋转"。至此，第 5 张幻灯片设置完毕。

（6）选中第 6 张"比较"幻灯片，在左侧的文本区域单击"插入来自文件的图片"按钮，弹出"插入图片"对话框。选择"进入天宫一号.jpg"后单击"插入"按钮即可插入图片。

（7）按照同样的方式在右侧文本区域插入"太空授课.jpg"图片，然后在"进入天宫一号.jpg"图片的上方文本区域中输入"航天员进入天宫一号"字样；在"太空授课.jpg"图片的上方文本区域中输入"航天员太空授课"字样。

（8）分别为两张幻灯片设置动画效果。选中"进入天宫一号.jpg"图片，在"动画"选项卡下"动画"组中选择一种合适的动画效果，此处选择"弹跳"。按照同样的方式为另外一张图片设置"轮子"样式的动画效果。

（9）最后，在最上方的标题处输入"精彩时刻"字样。

（10）选中第 7 张"两栏内容"幻灯片，在左侧的文本区域单击"插入来自文件的图片"按钮，弹出"插入图片"对话框。选择"对接示意.jpg"后单击"插入"按钮即可插入图片。按照同样的方式在右侧文本区域插入"对接过程.jpg"图片。最后在标题处输入"神舟十号与天宫一号对接"字样。

（11）选中第 8 张"比较"幻灯片，按照步骤 7 中同样的方式插入图片"发射升空.jpg"和"顺利返回.jpg"，并在每张图片上方对应的文本区域中分别输入"神舟十号发射升空"和"神舟十号返回地面"字样。最后在主标题中输入"精彩时刻"字样。

（12）选中最后一张"仅标题"幻灯片，在标题中输入致谢形式的语句。此处输入"感谢所有为祖国的航空事业做出伟大贡献的工作者!!!"字样，并设置字体为"华文琥珀"，字号为"54"，字体颜色为"黄色"。拖动占位符，适当调整文本框的大小，以能容纳文字为宜。

（13）为文字设置恰当的动画效果，此处在"动画"选项卡下"动画"组中选择"波浪形"命令。

4. 演示文稿保存为"神舟十号.pptx"。

单击"文件"选项卡下的"另存为"按钮保存演示文稿为"神舟十号.pptx"文件。

第 5 章

Visio 2013 流程图绘制软件实验

实验一 网站建设流程图的制作

一、实验目的

1. 掌握新建模板的方法。
2. 熟练掌握图形的绘制方法。
3. 掌握页面设置的方法。
4. 掌握连接形状的方法。

二、实验内容及要求

网站建设流程图主要是以工作流程的框图，以图形方式简单、条理地显示网站建设的工作流程。根据要求，利用 Visio 2013 制作出精美的网站建设流程图。效果如图 5-1 所示。

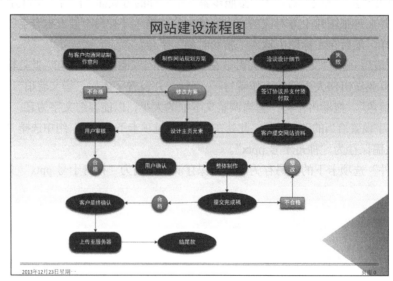

图 5-1 "网站建设流程图"效果图

实验要求如下。

1. 页面设置：新建流程图模板，纸张方向为"横向"。

2. 添加边框和标题：添加页面标题"网站建设流程图"，并设置文字的字体格式。

3. 给"页-1"页面添加一个主题效果。

4. 参考图 5-1 绘制流程图，对所添加的"圆角矩形"设置阴影效果，并添加填充颜色。

5. 在绘图页中再次将"基本形状"模具中的其他图形拖到绘图页中，并设置形状的填充与阴影效果。

6. 对"失败""不合格""修改方案""合格""修改"5 个图形添加其他的填充效果。

7. 利用连接线，将所有图形进行连接。

三、实验步骤

1. 新建"基本流程图"模板，并设置"纸张"方向为"横向"。

（1）单击左上角的"文件"菜单，在弹出的窗口左侧选择"新建"命令，选择"特色"中的"基本流程图"，单击"创建"按钮，新建一个"基本流程图"模板，如图 5-2 所示。

（2）单击"设计"选项卡下"页面设置"选项组中"纸张方向"下拉菜单，选择纸张方向为"横向"，如图 5-3 所示。

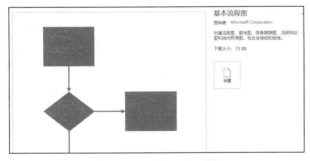

图 5-2　"基本流程图"模板

图 5-3　"纸张方向"下拉按钮

2. 添加页面标题为"网站建设流程图"，并设置文字的字体格式。

（1）单击"设计"选项卡下"背景"组中的"边框和标题"命令，在下拉列表中选择"字母"，如图 5-4 所示。

（2）在左下角选择"背景-1"页面，更改页面的标题文本。选中标题文本"网站建设流程图"，单击"开始"选项卡下的"字体"组，设置字体为"黑体"，字号为"30pt"，如图 5-5 所示。

图 5-4　"边框和标题"下拉按钮

图 5-5　"字体"选项组

3. 给"页-1"页面添加一个主题效果。

切换到左下角的"页-1"页面，单击"设计"选项卡，选择"主题"组中的其他按钮，在下拉列表中，任意选择一种主题应用在"页-1"页面上，这里选择"现代"中的"回顾"，如图5-6所示。

4. 将"基本形状"模具中的"圆角矩形"形状拖到绘图页中，调整大小与位置，并输入形状文本。

（1）单击左侧"形状/更多形状"命令，选择"常规"中的"基本形状"模具，将"圆角矩形"拖到绘图页中。

（2）通过拖动"圆角矩形"四周的句柄，调整图形大小。双击"圆角矩形"图形，在图形内部输入文字"与客户沟通网站制作意向"，并根据需要设置文字大小。

5. 对所添加的"圆角矩形"设置阴影效果，并添加填充颜色。

（1）选择"圆角矩形"，切换到"开始"选项卡，在"形状样式"组中，选择"效果"命令，在弹出的下拉菜单中选择"阴影"，如图5-7所示。在"阴影"列表中选择"阴影选项"命令，在文档右侧弹出"阴影"格式设置窗口，如图5-8所示。在预设中，可以根据需要选取任意中"阴影"样式，或者根据需要自行设定"阴影"的效果，如"颜色""透明度""大小""模糊""角度""距离"等。

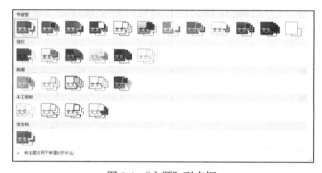

图5-6 "主题"列表框

图5-7 "效果"下拉菜单

（2）切换到"开始"选项卡，在"形状样式"组中，选择"填充"命令，在下拉列表中选择"其他颜色"，弹出"颜色"对话框，如图5-9所示，单击选择"自定义"选项卡，设置红色为221、绿色为226、蓝色为206，单击"确定"按钮。

图5-8 "阴影"格式设置

图5-9 "颜色"对话框

6. 在绘图页中再次将"基本形状"模具中的其他图形拖到绘图页中，并设置形状的填充与阴影效果。

再次单击左侧"形状/更多形状"命令，选择"常规"中的"基本形状"模具，选择其他图形，如"椭圆形""圆形"等，按照上述方法拖到绘图页中，按照效果图的样式摆放，并设置形状填充和阴影效果。

7. 对"失败""不合格""修改方案""合格""修改"5 个图形添加其他的填充效果。

（1）选择其中的"失败"图形，切换到"开始"选项卡，在"形状样式"组中，选择"填充"命令，弹出下拉菜单，如图 5-10 所示，设置另一种填充颜色。

（2）选择"不合格""修改方案""合格""修改"4 个图形，按照上述的方法，同样设置另外的一种填充颜色。

8. 利用连接线，将所有图形连接。

（1）切换到"开始"选项卡，选择"工具"选项组中的"连接线"命令，连接绘图页中的各个图形。

（2）在任一条"连接线"上，单击鼠标右键，弹出快捷菜单，如图 5-11 所示，可以选择"连接线"的样式，这里选择"直线连接线"。

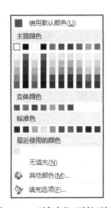

图 5-10　"填充"下拉列表　　　　图 5-11　"连接线"快捷菜单

9. 为绘图页添加背景效果。

切换到"设计"选项卡，在"背景"组中选择"背景"命令，在下拉列表中选择任一种背景样式，为绘图页添加背景效果。

实验二　考研时间安排表的制作

一、实验目的

1. 理解并掌握"日程表"模板的使用方法。
2. 掌握图形的绘制方法及页面设置的方法。

二、实验内容及要求

在日常工作与学习中，用户习惯使用 Word 或 Excel 记录考试、学习、工作时间的安排情况。

这样一来，会导致无法在有效的页面中查看整体时间的安排情况。用户可以运用 Visio 2013 中的"日程表"功能来解决上述问题，该功能主要以图解的方式说明某项目或进行的生命周期内的里程碑和间隔。本实验中，将利用 Visio 2013 制作一份"考研时间安排表"，并保存名为"考研时间安排表.vsdx"的文件。最终效果如图 5-12 所示。

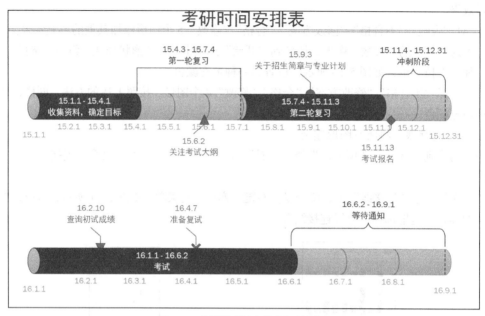

图 5-12 "考研时间安排表"效果图

实验要求如下。

1. 使用"日程表"模板功能，创建新的模板，设置"纸张方向"为"横向"。

2. 添加页面标题"考研时间安排表"，并设置文字的字体格式。

3. 绘制图形，参考图 5-12 绘制"圆柱形日程表"，并进行配置。设置时间段开始日期为"2015/1/1"，结束日期为"2015/12/31"。在"圆柱形日程表"上，添加里程碑。

三、实验步骤

1. 新建"日程表"模板，并设置"纸张方向"为"横向"。

（1）单击左上角的"文件"菜单，在弹出的窗口左侧选择"新建"命令，选择"特色"中的"日程表"，单击"创建"，新建一个"日程表"模板。

（2）单击"设计"选项卡下"页面设置"选项组中"纸张方向"下拉菜单，选择纸张方向为"横向"。

2. 添加页面标题"考研时间安排表"，并设置文字的字体格式。

（1）单击"设计"选项卡下"背景"组中的"边框和标题"命令，在下拉列表中选择"字母"。

（2）在左下角选择"背景-1"页面，更改页面的标题文本。选中标题文本"考研时间安排表"，切换到"开始"选项卡，在"字体"组中，设置字体为"黑体"，字号为"30pt"。

3. 绘制图形。

（1）选择左侧"日程表"模板下的"圆柱形日程表"，并拖动到"绘图区"中，弹出"配置日程表"对话框。在"时间段"选项卡中，设置"时间段"开始日期为"2015/1/1"和结束日期为

"2015/12/31",如图 5-13 所示。在"时间格式"选项卡中,设置"在日程表上显示开始日期和完成日期"的日期格式:16.7.22,设置"在中期计划时间刻度标记上显示日期"的日期格式:16.7.22。设置完成后,单击"确定"按钮。

图 5-13　"配置日程表"对话框

(2)运用同样的方式,在"绘图区"添加一个"圆柱形日程表",并按照同样的方式在"时间段"选项卡和"时间格式"选项卡中进行设置。

(3)选择第一个"圆柱形日程表",将"日程表"模板下的"菱形里程碑"拖到"绘图区"中,在弹出的"配置里程碑"对话框中进行设置,如图 5-14 所示。在"里程碑日期"中设置为"2015/11/10",在"说明"中设置为"考试报名"文本。设置完成后,单击"确定"按钮。

(4)选择第一个"圆柱形日程表",将"日程表"模板下的"圆形里程碑"拖到"绘图区"中,在弹出的"配置里程碑"对话框中进行设置,如图 5-15 所示。在"里程碑日期"中设置为"2015/9/1",在"说明"中设置为"关于招生简章与专业计划"文本。设置完成后,单击"确定"按钮。

图 5-14　"菱形里程碑"的"配置里程碑"对话框　　图 5-15　"圆形里程碑"的"配置里程碑"对话框

(5)利用同样的方法,在第二个"圆柱形日程表"上,添加其他里程碑,最终效果如图 5-16 所示。

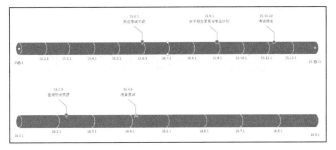

图 5-16　添加"里程碑"最终效果

（6）选择第二个"圆柱形日程表"，将"日程表"模板下的"块状间隔"拖到"绘图区"中，在弹出的"配制间隔"对话框中进行设置，如图 5-17 所示。

（7）选择第二个"圆柱形日程表"，将"日程表"模板下的"花括号间隔"拖到"绘图区"中，在弹出的"配制间隔"对话框中进行设置，如图 5-18 所示。

图 5-17 "块状间隔"的"配制间隔"对话框　　图 5-18 "花括号间隔"的"配制间隔"对话框

（8）利用同样的方法，在第一个和第二个"圆柱形日程表"上，添加其他的"间隔图形"，最终效果如图 5-19 所示。

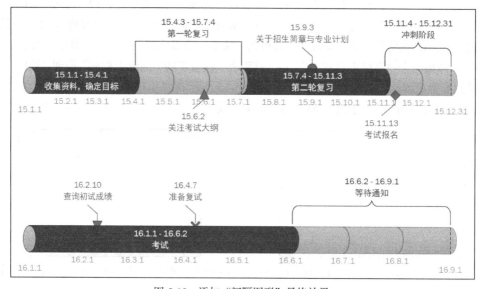

图 5-19 添加"间隔图形"最终效果

（9）切换到"设计"选项卡，在"主题"组中，任意选择一个主题样式，这里选择"丝状"。

实验三　学时表的制作

一、实验目的

1. 理解 Visio 2013"导入外部数据"功能及使用方法。

2. 掌握"工作流程对象——3D"模板的使用方法及页面设置方法。

3. 掌握 Visio 2013"数据图形"功能及使用方法。

二、实验内容及要求

学时表是记录学生所修学时的表格，主要用于监督学生的上课情况。在本实验中，将运用"导入外部数据"与"数据图形增强数据"功能，来制作一份"学时表"图表。最终效果如图 5-20 所示。

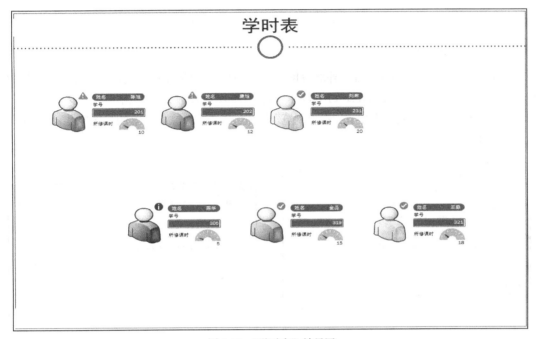

图 5-20　"学时表"效果图

实验要求如下。

1. 创建"工作流程对象——3D"模板，纸张方向为"横向"。

2. 参考图 5-20，绘制工作流程对象图形——"人—半身"图形。

3. 导入给定的外部 Excel 格式数据"学时表.xlsx"。

4. 使用数据图形功能，将导入的 Excel 格式数据按图 5-20 进行显示。

5. 添加页面标题为"学时表"，并设置文字的字体格式。

三、实验步骤

1. 新建"工作流程对象——3D"模板，并设置"纸张方向"为"横向"。

（1）启动 Visio 2013，在左侧"形状"窗口中，单击"更多形状"按钮，在弹出的列表中选择"流程图"，再选择"工作流程对象——3D"。

（2）单击"设计"选项卡下"页面设置"选项组中"纸张方向"下拉菜单，选择纸张方向为"横向"。

2. 绘制图形。

（1）选择左侧"工作流程对象——3D"模板下的"人—半身"图形，拖动 6 个图形到"绘图区"中，并排列好位置，如图5-21所示。

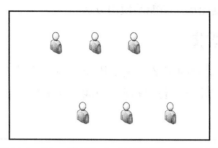

图5-21　"人—半身"在"绘图区"中的效果图

（2）导入外部数据。

①切换到"数据"选项卡，在"外部数据"组中，选择"将数据链接到形状"命令，弹出"数据选取器"对话框，选择"Microsoft Excel 工作簿"，如图5-22所示。单击"下一步"按钮。

②在图5-23所示的对话框中，选择"浏览"按钮，选择素材文件夹下的"学时表.xlsx"文件，单击"打开"按钮。

图5-22　"数据选取器"对话框

图5-23　选取外部数据

③单击"下一步"按钮，弹出图5-24对话框，单击"选择自定义范围"按钮，在弹出的对话框中设置数据范围"A1:C7"。单击"下一步"按钮，并单击"完成"按钮，效果如图5-25所示。

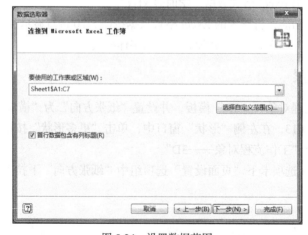

图5-24　设置数据范围

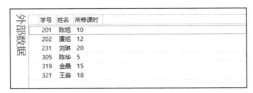

图 5-25　插入外部数据

（3）选择"绘图区"中的所有形状，并选择"外部数据"中的所有数据，拖动选择的所有数据到"绘图区"的形状中，完成数据与图形的链接，如图 5-26 所示。

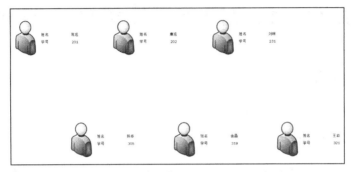

图 5-26　完成数据与图形的链接图

（4）数据图形增强数据。

①切换到"数据"选项卡下，在"显示数据"组中，单击选择"数据图形"命令，在下拉菜单中，选择"新建数据图形"选项，弹出"新建数据图形"对话框。

②单击"新建项目"按钮，在弹出的对话框中，设置"数据字段"为"姓名"，设置"显示为"为"文本"，设置"样式"为"气泡标注"，设置完成后，单击"确定"按钮。

③利用同样的方式，建立其他新项目。

★ 设置"数据字段"为"学号"，设置"显示为"为"数据栏"，设置"样式"为"进度栏"。

★ 设置"数据字段"为"所修课时"，设置"显示为"为"按值显示颜色"，设置"着色方法"为"每种颜色代表一个范围值"。

★ 设置"数据字段"为"所修课时"，设置"显示为"为"图标集"，设置"样式"为" "，并在下方的"显示每个图标的规则"中，设置规则为"大于或等于"。

★ 设置"数据字段"为"所修课时"，设置"显示为"为"数据栏"，设置"样式"为"速度计"。具体效果如图 5-27 所示。

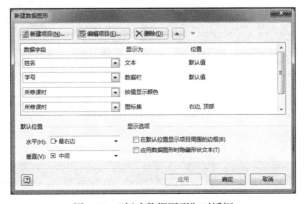

图 5-27　"新建数据图形"对话框

（5）切换到"设计"选项卡，在"主题"组中，选择"离子"主题。在"变体"组中，选择"离子，变量4"命令。

3. 添加页面标题为"学时表"，并设置文字的字体格式。

（1）单击"设计"选项卡下"背景"组中的"边框和标题"命令，在下拉列表中选择"市镇"。

（2）在左下角选择"背景-1"页面，更改页面的标题文本。选中标题文本"学时表"，切换到"开始"选项卡，在"字体"组中，设置字体为"黑体"，字号为"30pt"。

实验四　企业内勤工作进度表的制作

一、实验目的

掌握"甘特图"模板功能及使用方法。

二、实验内容及要求

甘特图（Gantt chart）又称为横道图、条状图（Bar chart），以提出者亨利·L.甘特先生的名字命名。在实际应用中，工作进度表等较适合用甘特图方式表示。

工作进度表是表现各种事务性工作的工作计划、工作进程及其中所发生问题的一种电子表格，主要体现了事务性的工作名称、开始时间、完成时间、持续时间及周期等内容。在本实验中，将使用 Visio 2013 中的甘特图模板，快速创建一个图文结合的企业内勤工作进度表。最终效果如图 5-28 所示。

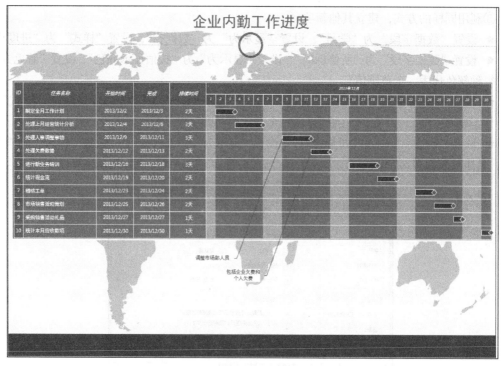

图 5-28　"企业内勤工作进度表"效果图

实验要求如下。

1. 创建"甘特图"模板,并进行页面设置。

2. 按图 5-28 所示的效果图,根据每月的十项基本工作任务及持续时间,绘制开始日期为 2015.12.1,结束日期为 2015.12.31 的甘特图。

3. 添加页面标题为"企业内勤工作进度",并设置文字的字体格式。

三、实验步骤

1. 新建"甘特图"模板,并设置"纸张方向"为"横向"。

(1)单击左上角的"文件"菜单,在弹出的窗口左侧选择"新建"命令,选择"特色"中的"甘特图",单击"创建"按钮,弹出"甘特图选项"对话框,如图 5-29 所示。

图 5-29 "甘特图选项"对话框

(2)在"日期"选项卡中,设置开始日期为"2015/12/1",结束时间为"2015/12/31";在"格式"选项卡中,设置里程碑的开始形状为"星型",完成形状为"菱形"。设置完成后,单击"确定"按钮,如图 5-30 所示。

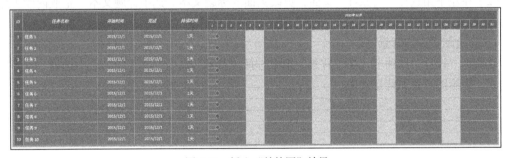

图 5-30 插入"甘特图"效果

(3)单击"设计"选项卡下"页面设置"选项组中"纸张方向"下拉菜单,选择纸张方向为"横向"。

2. 制作"甘特图"。

(1)双击"甘特图"上"任务名称"中的"任务 1",并在单元格中添加文本"制定全月工作计划",选择"任务 1"对应的"持续时间"单元格,将数字更改为"2"。

(2)利用同样的方法,更改其他任务的名称,并调整持续时间,如图 5-31 所示。

（3）选择"任务1"对应的"开始时间"单元格，更改"任务1"的"开始时间"为"2015/12/2"，并利用同样的方法，更改其他任务的"开始时间"，如图5-32所示。

图5-31　"任务名称"及"持续时间"更改效果 　　　　　　图5-32　"开始时间"更改效果

（4）选择左侧"形状"窗口下的"甘特图模板"中的"水平标注"图形，拖动到"绘图区"中，并拖动"水平标注"的句柄，把句柄放到第3个任务右侧的条形形状上。双击"水平标注"形状中的文本框，更改文本为"调整市场部人员"。

（5）利用同样的方式，拖动"水平标注"到"绘图区"中，并把句柄放到第4个任务右侧的条形形状上，更改文本框中文本为"包括企业欠费和个人欠费"。

（6）切换到"设计"选项卡，在"主题"组中，选择"线型"主题。在"变体"组中，选择"线性，变量3"命令。

3. 添加页面标题"企业内勤工作进度"，并设置文字的字体格式。

（1）单击"设计"选项卡下"背景"组中的"边框和标题"命令，在下拉列表中选择"市镇"。

（2）在左下角选择"背景-1"页面，更改页面的标题文本。选中标题文本"企业内勤工作进度"，切换到"开始"选项卡，在"字体"组中，设置字体为"黑体"，字号为"30pt"。

4. 为绘图页添加背景效果。

切换到"设计"选项卡，在"背景"组中选择"背景"命令，在下拉列表中选择"世界"背景样式，为绘图页添加背景效果。

第6章
计算机网络和信息安全实验

实验一 IE 浏览器的使用

一、实验目的

1. 熟练掌握 IE 浏览器的基本操作。
2. 掌握 IE 浏览器的基本设置及网页内容的保存方法。

二、实验内容及要求

1. IE 浏览器的基本使用。
2. IE 浏览器中收藏夹的使用。
3. IE 浏览器设置。

三、实验步骤

1. 在 IE 浏览器中输入海口经济学院的网址 "www.hkc.edu.cn"，并设置其为 IE 浏览器的默认主页。

启动 IE 浏览器，在地址栏中输入网址 "www.hkc.edu.cn"，打开该网站首页，如图 6-1 所示。然后选择 IE 浏览器中的 "工具/Internet 选项" 菜单命令，打开 "Internet 选项" 对话框，如图 6-2 所示，单击 "使用当前页" 按钮，然后单击 "确定" 按钮。

图 6-1 保存网页对话框

图 6-2 "Internet 选项" 对话框

2. 将海口经济学院网站首页保存为文本文档和网页文件，存放在"实验一"文件夹中，并分别命名为"海口经济学院.txt"和"海口经济学院.html"。

在 IE 浏览器中选择"文件/另存为"菜单命令，打开"另存为"对话框，如图 6-3 所示，选择保存范围，然后单击"保存类型"列表框，在弹出的列表中选择"文本文件（*.txt）"，在"文件名"文本框内输入"海口经济学院.txt"，单击"确定"按钮。按照同样的方式选择"保存类型"列表中的"网页，仅 HTML（*.htm）"，在"文件名"文本框内输入"海口经济学院.html"，单击"确定"按钮。

3. 将海口经济学院网站首页添加到收藏夹中的"高校"文件夹中。

（1）在 IE 浏览器窗口中选择"收藏夹/整理收藏夹"菜单命令，打开"整理收藏夹"对话框，如图 6-4 所示，单击"新建文件夹"按钮，并输入文本"高校"，单击"关闭"按钮。

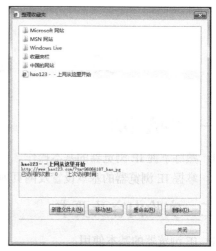

图 6-3 "保存网页"对话框　　　　　图 6-4 整理收藏夹对话框

（2）选择"收藏夹/添加收藏夹"菜单命令，打开"添加收藏"对话框，如图 6-5 所示，在"名称"文本框内输入"海口经济学院"，单击"创建位置"列表框，在列表框内选择"高校"，单击"确定"按钮。

4. 清除 IE 浏览器的历史记录，并设置网页保存历史记录天数为"20"天。

（1）选择 IE 浏览器中的"工具/Internet 选项"菜单命令，打开"Internet 选项"对话框，切换到"常规"选项卡，单击"浏览历史记录"中的"设置"按钮，弹出"Internet 临时文件和历史记录设置"对话框，如图 6-6 所示，在"历史记录"数值框内输入"20"，单击"确定"按钮。

图 6-5 "整理收藏夹"对话框　　　　图 6-6 "Internet 临时文件和历史记录设置"对话框

（2）切换到"内容"选项卡，在"自动完成"中单击"设置"按钮，打开"自动完成设置"对话框，如图 6-7 所示。单击"删除自动完成历史记录"按钮，打开"删除浏览的历史记录"对话框，如图 6-8 所示，勾选要删除记录的复选框，单击"删除"按钮。

图 6-7　"自动完成设置"对话框

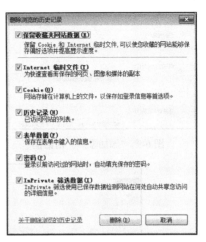

图 6-8　"删除浏览的历史记录"对话框

实验二　使用 Outlook 2013 收发邮件

一、实验目的

掌握 Outlook 2013 收发邮件及添加附件方法。

二、实验内容及要求

1. 使用 Outlook 2013 发邮件、收邮件、添加和保存附件。

2. 使用 Outlook 2013 绑定自己的电子邮件地址，给自己的朋友发一封电子邮件，并添加实验二文件夹中"照片.jpg"图片。

3. 给自己发送一封添加附件的邮件并接收下载附件。

三、实验步骤

1. 使用 Outlook 2013 软件添加账户，绑定自己的电子邮件地址。

打开 Outlook 2013 软件，选择"文件"选项卡中的"信息"选项，单击"添加账户"按钮，打开"添加账户"对话框，如图 6-9 所示。选择"电子邮件账户"选项，在"您的姓名、电子邮件地址、密码、重新键入密码"文本框中输入个人真实的信息（注意：必须是真实信息）。单击"下一步"按钮，来到配置界面，需要等待几分钟让邮件服务器进行验证，验证成功后，单击"完成"按钮，账户添加成功，如图 6-10 所示。

2. 给自己的好友发送一封电子邮件。

（1）在"开始"选项卡中的"新建"组中单击"新建电子邮件"按钮，打开新的"邮件"窗口，如图 6-11 所示。

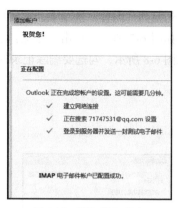

图 6-9 "添加账户"对话框   图 6-10 添加账户成功

图 6-11 "邮件"窗口

（2）在"收件人"文本框内输入正确的电子邮件地址，在"主题"文本框内输入要新建的标题或主题内容，如"2016 年同学聚会"，在下方的编辑框内输入信件的主要内容。

3. 在新建的电子邮件中添加实验二文件中的附件"照片.jpg"。

（1）在"新建邮件"的窗口中选择"邮件"选项卡，在"添加"组中单击"附件文件"按钮，打开"插入文件"对话框，如图 6-12 所示。

图 6-12 "插入文件"对话框

（2）在"插入文件"对话框中选择实验二文件夹中"照片.jpg"，单击"插入"按钮。
（3）邮件书写完毕，单击"发送"按钮。

4. 收邮件并阅读下载邮件中的附件，以自己的名字将附件保存在实验二文件夹中。

（1）按照 1、2、3 的步骤给自己发送一封邮件并添加附件。邮件地址为自己的真实的邮件地址，主题为"发给自己的一封邮件"，附件为实验二文件夹中的"个人简介.docx"文档。结果如图 6-13 所示。

（2）将收件人地址、主题、附件添加完成后，单击"发送"按钮，发送邮件。

图 6-13　邮件发送

（3）发送完毕，在 Outlook 2013 窗口左侧选择自己的"收件箱"，可以看出邮件列表中已列出刚刚发送给自己的邮件，如图 6-14 所示。

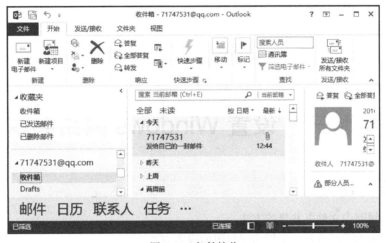

图 6-14　邮件接收

（4）选择并打开"发给自己的一封邮件"，在打开的新窗口中选择附件"个人简介.docx"文件，如图 6-15 所示。

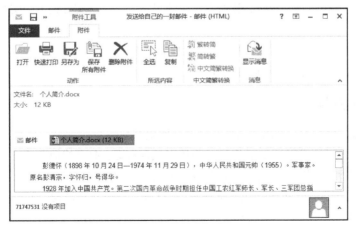

图 6-15　"新邮件"窗口

（5）在新邮件窗口中选择"附件"选项卡中的"另存为"按钮，打开"保存附件"对话框，如图 6-16 所示，选择要保存的位置，在"文件名"文本框中输入自己的名字，并单击"保存"按钮。

图 6-16　"保存附件"对话框

实验三　设置 Windows 网络共享

一、实验目的

1. 掌握局域网内文件夹共享的方法。
2. 理解访问权限的设置，掌握访问权限的设置方法。

二、实验内容及要求

实验课中，老师给学生布置课堂实验任务，并要求在下课前上交。同时，需要在教师机建立一个共享文件夹，并设置访问权限，让所有学生通过访问该共享文件夹上交实验报告。实验要求如下。

1. 新创建一个文件夹，进行共享文件夹的基本操作。
2. 对共享文件夹的访问权限进行设置。

三、实验步骤

1. 更改高级共享设置，并启用文件共享及打印机共享。

（1）选中桌面"网络"图标，在图标上面单击鼠标右键，打开快捷菜单，选择"属性"菜单命令，打开"网络和共享中心"窗口，如图 6-17 所示。

（2）在该窗口中选择"更改高级共享设置"，打开"高级共享设置"窗口，选择公共网络—选择以下选项：启动网络发现→启动文件和打印机共享→启用共享以便可以访问网络的用户可以读取和写入公用文件夹中的文件→关闭密码保护共享（其他选项默认即可），单击"保存"按钮。

2. 共享实验三文件中的"共享文件夹"文件夹，为来宾降低访问权限。

（1）打开实验三文件夹，选中"共享文件夹"文件夹，并单击鼠标右键，在弹出的快捷菜单中选择"属性"菜单命令，打开"属性"对话框。

（2）在"属性"对话框中选择"共享"选项卡，单击"高级共享"按钮，打开"高级共享"对话框，如图 6-18 所示。

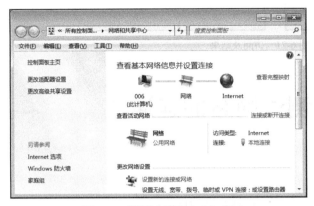

图 6-17　"网络和共享中心"窗口　　　　　　图 6-18　"高级共享"对话框

（3）勾选"共享此文件夹"复选框，单击"权限"按钮，打开"权限"对话框，如图 6-19 所示。

（4）选择"添加"按钮，打开"选择用户或组"对话框，如图 6-20 所示，单击"高级"按钮，打开新的"选择用户或组"对话框，单击"立即查找"按钮，在"搜索结果"列表中选择"Guest"，单击"确定"按钮。

图 6-19　"权限"对话框　　　　　　图 6-20　"选择用户或组"对话框

（5）在"权限"对话框中选择用户"Guest"，在权限列表中勾选"完全控制、更改、读取"权限的"允许"复选框，单击"确定"按钮。

3. 访问共享文件夹。

在"开始/运行"中输入共享文件夹的 IP 地址（如\\192.168.88.6），打开共享文件夹，如图 6-21 所示。

 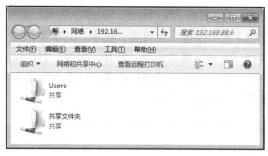

图 6-21　访问及结果

实验四　测试网络的连通性

一、实验目的

1. 理解 TCP/IP 体系，掌握使用命令查看本机 TCP/IP 协议的方法。
2. 掌握使用命令测试网络的连通性。

二、实验内容及要求

学校新建立了一个计算机基础实验机房，工作人员将该机房所有的计算机进行连接，构建了一个小型的局域网，现需要测试该机的网络是否正常连通。实验要求如下。

1. 使用 ipconfig 命令查看本机的 IP 配置信息，初步理解列示的内容及意义。
2. 使用 ipconfig /all 查看本机详细的网络配置，初步理解网络配置信息及涵义。
3. 使用 ping 命令查看网络连通性。

三、实验步骤

1. 使用 ipconfig 查看本机的 IP 配置信息。

（1）选择"开始"菜单中的"附件/命令提示符"命令，打开"命令提示符"窗口，如图 6-22 所示。

（2）在光标处输入命令"ipconfig"，按 Enter 键，就会列出本机的 IP 配置信息，如图 6-23 所示。

 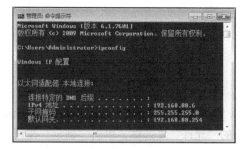

图 6-22　"命令提示符"窗口　　　　　　　　图 6-23　"命令提示符"窗口

2. 用 ipconfig/all 命令查看本机详细的网络配置。

如果需要显示更详细的网络配置信息，只要加入"/all"参数即可。命令运行后会将本机所有的信息全部显示在屏幕上，如计算机名、节点类型、是否激活 IP 路由、是否激活 WINS 代理服务器、网卡名称、网卡地址等。按照内容（1）的方式，打开"命令提示符"窗口，在光标处输入命令"ipconfig/all"，按 Enter 键，就会列出本机详细的网络配置信息，如图 6-24 所示。

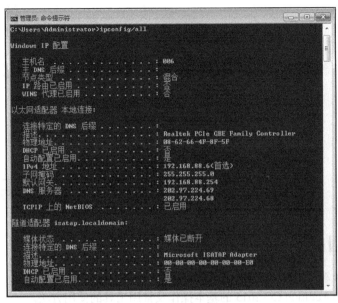

图 6-24　本机详细的网络配置信息

3. 使用 ping 命令检查本机的 TCP/IP 协议是否设置好。

按照内容（1）的方式，打开"命令提示符"窗口，在光标处输入命令"ping 127.0.0.1"，按 Enter 键，就会显示相关信息（默认返回四行控制报文信息，说明成功；如果四行请求超时，则说明不成功），如图 6-25 所示。

4. 使用 ping 命令检查本机与网络中计算机的网络连通性。

按照内容（1）的方式，打开"命令提示符"窗口，在光标处输入命令"ping 192.168.88.6"（此 IP 地址必须是实际存在的 IP 地址），按 Enter 键，就会显示相关信息（默认返回四行控制报文信息，说明成功；如果四行请求超时，则说明不成功），如图 6-26 所示。

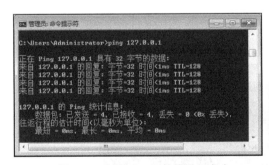

图 6-25　本机 TCP/IP 协议设置成功

图 6-26　网络连通正常

第7章
多媒体技术基础知识实验

实验一　Adobe Audition CC 2015 基本操作

一、实验目的

1. 了解 Adobe Audition CC 2015 软件的界面及特点。
2. 掌握 Adobe Audition CC 2015 的基本操作及常用工具的使用方法。

二、实验内容及要求

在 Adobe Audition CC 2015 软件环境下，导入"G.E.M.mp3"音频文件。实验要求如下。
1. 将单声道转换成双声道的设置。
2. 对歌声进行消音的设置。
3. 处理回音的设置。
4. 个性化伴奏设置。
5. 文件特殊效果设置。

三、实验步骤

1. 打开 Adobe Audition CC 2015 软件

软件界面如图 7-1 所示。

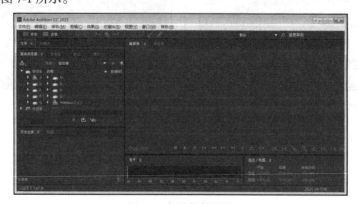

图 7-1　打开软件界面

2. 查看波形

单击"编辑/导入文件"打开音频文件"G.E.M.mp3"，查看上下波形图是否相同，相同属于单声道，不同属于双声道，效果如图 7-2 所示，上下波形一样。

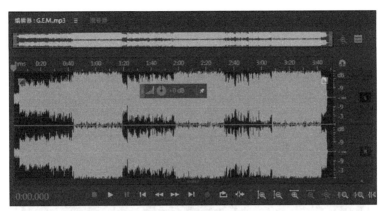

图 7-2　查看波形效果

3. 变更声道

单击"效果/延迟和回声/延迟"，在打开的"延迟"设置窗口里单击"播放"按钮试听音乐，延迟的设置分为左声道和右声道两项设置。分别调整左、右声道的"延迟时间"和"混合"参数直到效果满意为止，此时再试听声音文件时，音频已变成双声道，效果如图 7-3 所示。保存文件并命名为"G.E.M1.mp3"。

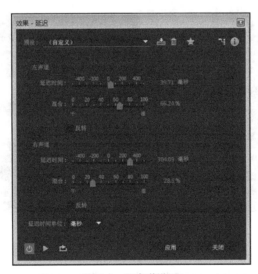

图 7-3　双声道设置

4. 消除人声

打开"G.E.M1.mp3"，利用软件将原声进行消除。一首歌曲一般由人声原唱和伴奏曲双声道组成，如要消除原唱，请单击"效果/立体声声像/析取中置通道"，打开对话框选择"人声移除"，效果如图 7-4 所示，设置完成后单击"播放"按钮试听音乐，歌曲的人声原唱已经消除，只留下伴奏曲。

5. 调整音效

播放中有的歌曲的主唱回声较大，设置了"人声移除"之后仍会听到较大的回声，此时要做进一步调整，单击"鉴别"选项卡的"交叉"等设置，向左侧拖动滑块，边拖动边试听音频效果；当参数拖动到0时，有一些歌曲仍然还有人声，此时要进一步对"中心声道电平"进行设置，向上拖动滑块时，试听发现原本较大回声的人声已基本消失。

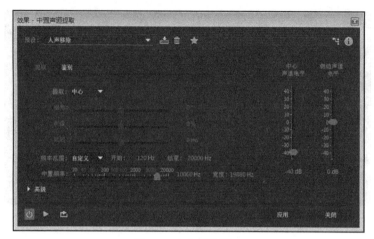

图7-4　人声移除设置

6. 设置效果

将人声原唱消除后，歌曲的音量也随之变小，为了获取更好的试听效果，可以把音量调大。单击菜单上的"效果"按钮，在下拉菜单里选择"振幅和压限"子菜单，菜单选择如图7-5所示。

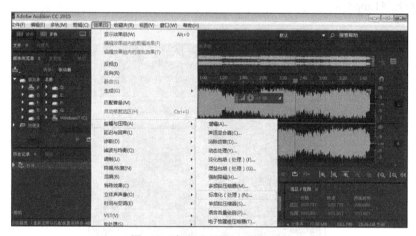

图7-5　"振幅和压限"选择界面

7. 标准化（处理）

选择"振幅与压限"菜单中的"标准化（处理）"菜单，在窗口里的"标准化为"填写一个数值较大的百分比，一般为100%，单击"确定"按钮后试听音量效果。"标准化"设置如图7-6所示。如果试听音量效果不满意，则可以撤消之前的标准化操作然后重设效果，完成操作后即可保存文件。

8. 个性化伴奏

接下来将伴奏制作成个性化伴奏。单击菜单上的"效果"按钮，在下拉菜单里单击"时间与变调/变调器（处理）"，先单击"播放"按钮试听音乐，然后选择"预设"列表中的"向上完整步长"，调整"质量""范围"等参数即可，操作效果如图7-7所示。

图 7-6　标准化处理设置

图 7-7　个性化伴奏处理设置

9. 精度设置

选择"时间与变调/伸缩与变调",在"精度"中选择"高",同时可以左右拖动"伸缩"和"变调",这样音质要好一点,直到满意后单击"确定"按钮,最后保存文件,效果如图 7-8 所示。

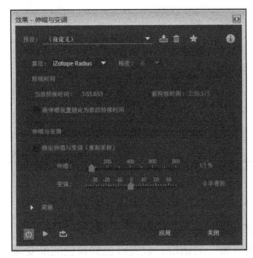

图 7-8　伸缩和变调设置

实验二　Adobe Photoshop CS6 基本操作

一、实验目的

1. 了解 Adobe Photoshop CS6 的软件界面特点,掌握该软件的基本操作。
2. 了解滤镜功能及使用特点。
3. 掌握 Adobe Photoshop CS6 软件中常用工具的使用方法。

二、实验内容及要求

启动 Adobe Photoshop CS6 软件,新建文件为:中秋贺卡制作,宽度设置为:300mm,高度设置为:150mm,分辨率设置为:72 像素/英寸。实验要求如下:

1. 使用渐变进行背景色的设置。

2. 使用文字工具输入文字内容，为文字设置字体及大小。

3. 应用选框工具及渐变工具等对图像对象进行变换编辑，制作灯笼及月亮，全面进行多图层的操作。

4. 颜色填充效果的设置。

5. 滤镜的特殊效果设置及应用。

三、实验步骤

1. 新建文件

打开 Adobe Photoshop CS6 软件，单击"文件/新建"按钮，弹出"新建"对话框，命名文件为：中秋贺卡制作，宽度设置为：300mm，高度设置为：150 mm，分辨率设置为：72 像素/英寸，如图 7-9 所示，然后单击"确定"按钮。

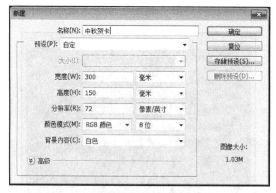

图 7-9　"新建"对话框

2. 设置渐变效果

选择工具箱中的"渐变工具"，在工具选项栏上设置渐变类型为"线性渐变"，单击"渐变编辑器"按钮，弹出"渐变编辑器"对话框，设置红色到黄色的渐变颜色如图 7-10 所示。

图 7-10　渐变颜色的设置

3. 填充渐变背景

在选择"背景"图层的状态下，利用渐变工具从左向右拖动，填充渐变颜色效果如图 7-11 所示。

图 7-11　背景图层填充渐变效果

4. 文字工具设置

选择工具箱中的"直排文字工具"，在页面中输入诗句。设置文字字体为"方正舒体"，字号设置为"24"，文字颜色设置为"黄色"，效果如图 7-12 所示。

图 7-12　输入直排文字效果

5. 添加蒙版

选择文字图层，单击图层面板下方的"添加图层蒙版"按钮给文字层添加蒙版。选择工具箱中的"渐变工具"，在工具选项栏中选择渐变为"从前景色到背景色渐变"，渐变类型为"线性渐变"，在选择图层蒙版的状态下，利用渐变工具拖曳蒙版渐变效果，如图 7-13 所示。

图 7-13　为文字添加蒙版设置

6. 图片放置

（1）打开图片"花纹.jpg"，找到右下角所需花纹，如图 7-14 所示。放大图片为 300%，利用工具箱中的"魔棒工具"修改"容差"为 70，选取红色部分并使用"移动工具"将其拖移到"中秋贺卡.psd"中，自动新建一个图层，设置该图层的"不透明度"为 30%，如图 7-15 所示。

图 7-14　选取图片

图 7-15　设置不透明度

（2）按 Ctrl＋T 组合键适当地调整花纹素材的大小与旋转角度，将花纹放置于页面的右侧，效果如图 7-16 所示。

图 7-16　移动"花纹"图像

7. 绘制椭圆

选择工具箱中的"椭圆选框工具"，在右上角绘制一个椭圆形，效果如图 7-17 所示。

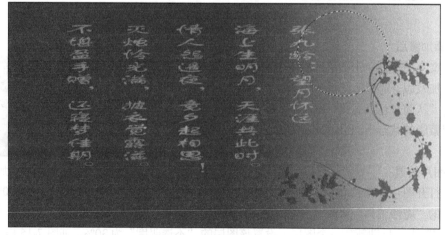

图 7-17　绘制椭圆形选区

8. 渐变编辑

选择工具箱中的"渐变工具"，设置渐变类型为"径向渐变"，单击工具选项栏上的"渐变编辑器"弹出"渐变编辑器"对话框，设置渐变颜色如图 7-18 所示。

图 7-18 渐变编辑器设置效果

9. 渐变效果

利用渐变工具在椭圆选区内拖曳出渐变效果，效果如图 7-19 所示。

图 7-19 设置渐变效果

10. 制作灯笼

在选择"灯笼"图层的状态下，按 Ctrl + J 组合键拷贝图层，连续拷贝两次，得到"灯笼 副本"图层和"灯笼 副本 2"图层，分别选择两个副本图层，按 Ctrl + T 组合键使图形处于自由变换状态，按住 Ctrl + Alt 组合键，用鼠标拖动自由变换左侧或右侧的调节点，向图形中心拖动，得到图 7-20 所示效果。

图 7-20 多个灯笼图层变换后的效果

11. 修饰灯笼

（1）按 Ctrl＋E 组合键合并所选的 3 个图层，得到"灯笼"图层。然后新建图层并命名为"灯笼 1"，调整"灯笼 1"图层到"灯笼"图层下方，在选择"灯笼 1"图层的状态下选择工具箱中的"矩形选框工具"，在灯笼的下方拖曳一下矩形选区，设置前景色为"R：255，G：255，B：0"，填充前景色到矩形选区，再复选两个灯笼图层，将两个灯笼图层垂直居中对齐，效果如图 7-21 所示。

图 7-21 绘制灯笼下方的矩形对象

（2）在选择"灯笼 1"图层的状态下，按 Ctrl＋T 组合键使图形处于自由变换状态，单击工具选项栏上的"变形"按钮，将图形处于变形状态，调整图形下端成弧形。按 Enter 键结束调整后，按 Ctrl＋J 组合键拷贝图层，得到"灯笼 1 副本"，把副本图层垂直翻转，调整其位置于灯笼的上方，效果如图 7-22 所示。

图 7-22 制作灯笼两端的弧形效果

（3）新建"灯笼 2"图层，调整"灯笼 2"图层于"灯笼 1"图层之下，选择工具箱中的"矩形选框工具"，在图层中拖曳创建一个矩形选区作为灯笼的吊坠，设置前景色为"R：255，G：240，B：130"，按 Alt＋Delete 组合键填充前景色到选区中，效果如图 7-23 所示。

12. 滤镜的应用

按 Ctrl＋D 组合键取消选区选取状态后，打开"滤镜/风格化/风"，弹出"风"滤镜对话框，方法选择为"风"，方向选择为"从右"，效果如图 7-24 所示。单击"确定"按钮完成滤镜的添加后，按 Ctrl＋F 组合键重复几次，重复的次数以效果满意为标准即可。

图 7-23　添加矩形选区效果

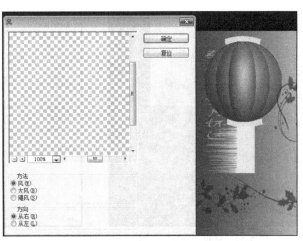

图 7-24　设置"风"滤镜效果

13. 制作灯笼须

（1）选择"灯笼 2"图层，复制图层得到"灯笼 2 副本"图层，选择副本图层，再按 Ctrl＋T 组合键使图层处于自由变换状态，将图形垂直翻转，合并制作灯笼吊坠的图层并命名为"灯笼 2"。按 Ctrl＋T 组合键使灯笼吊坠处于自由变换状态，将其旋转 90°，调整位置于灯笼的下方，效果如图 7-25 所示。

（2）利用"变形"工具，设置变形吊坠，将吊坠调整为图 7-26 所示的效果。

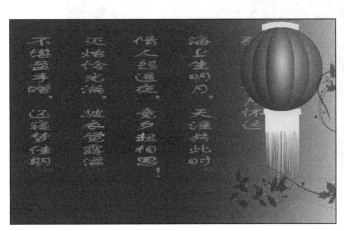

图 7-25　合并灯笼吊坠图层并调整其位置

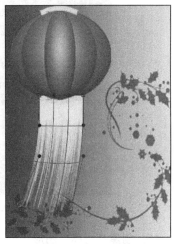

图 7-26　"灯笼 2"图层的变形

14. 调整灯笼格式

（1）将制作灯笼的图层合并后，拷贝图层，得到"灯笼 副本"图层，调整副本图层于"灯笼"

图层下方，按组合键 Ctrl + T 使副本图层处于自由变换状态，按住 Alt 键拖动自由变换边角上的调节点，以中心为基准点缩小灯笼图像，然后将副本灯笼三维视觉效果调整为稍微靠后的位置，完成效果如图 7-27 所示。

（2）合并两个灯笼图层后，双击灯笼图层的图层缩览图，弹出"图层样式"对话框，勾选其中的"投影"选项，设置投影的颜色为"#a64402"，距离设置为"3 像素"，扩展设置为"0%"，大小设置为"5 像素"，效果如图 7-28 所示。单击"确定"按钮，完成灯笼图层样式效果的添加。

图 7-27　复制"灯笼"图层

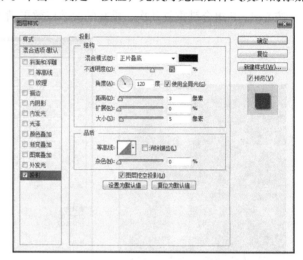

图 7-28　添加图层样式—投影

15. 勾勒花纹

（1）新建"图层 1"，用鼠标拖动图层 1 到"花纹"图层的下方，然后选择工具箱中的套索工具，沿花纹和灯笼的边缘勾勒出选区。

（2）选择工具箱中的"渐变工具"，设置渐变颜色为黄色到红色的渐变，渐变类型选择为"线性渐变"，利用渐变工具在选区内拖曳出渐变效果，效果如图 7-29 示。

图 7-29　为勾勒出的边缘选区添加渐变效果

16. 创建"月亮"图形

（1）创建新图层并命名为"月亮"，选择工具箱中的"椭圆选框工具"，设置前景色为"R：255，G：255，B：225"，按住 Shift 键，利用椭圆选框工具拖曳一个正圆形选区，然后填充前景色到选区中，效果如图 7-30 所示。

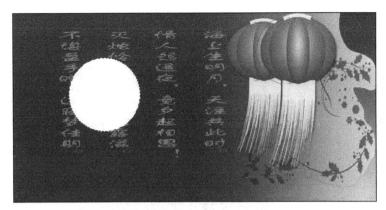

图 7-30　添加月亮对象

（2）按 Ctrl + D 组合键取消选区选择状态后，双击"月亮"图层的图层缩览图，弹出"图层样式"对话框，勾选其中的"外发光"选项，设置外发光的颜色为"白色"扩展设置为"0%"，大小设置为"70 像素"，效果如图 7-31 所示。

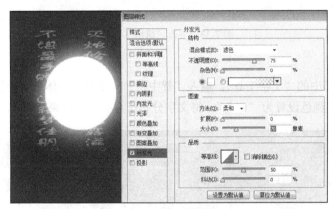

图 7-31　设置月亮外发光效果

（3）发光设置后，选择工具箱中的"加深工具"，在工具选项栏上设置笔尖为"柔角笔尖"，笔尖的大小可结合左右括号键来调整，不透明度设置为"50%"，利用加深工具对月亮进行调整，效果如图 7-32 所示。

图 7-32　使用加深工具调整后的月亮效果

17．插入图片

导入"嫦娥"素材图片，调整其大小与位置，效果如图 7-33 所示。

图 7-33　导入"嫦娥"图片

18．输入文字

（1）选择工具箱中的"文字工具"，输入"贺中秋"3 个字，字体为"叶根友毛笔行书"，字体为"30 点"，文字颜色设置为"红色"，将文字分布于月亮中，效果如图 7-34 所示。

图 7-34　输入"贺中秋"文字效果

（2）选择工具箱中的"文字工具"，在页面的左下角处输入文字"明月千里"，继续输入文字"寄相思"，设置"寄"字的字号与上述相同，"相思"二字的字号更改为"70 点"，在"相思"二字的右下角处输入文字"月圆，人圆，事事圆"，字体自定义，大小设置为"10 点"，颜色设置为"黄色"。完成所有的设置后，得到的最终效果如图 7-35 所示。

图 7-35　中秋贺卡完成效果图

实验三　Adobe Flash CS5 基本操作

一、实验目的

1. 了解 Adobe Flash CS5 软件界面特点，掌握 Flash CS5 的基本操作。
2. 掌握 Adobe Flash CS5 中常用工具的功能及使用方法。
3. 掌握元件的概念和编辑方法。
4. 掌握 Flash 动画制作方法及影片发布方法。

二、实验内容及要求

在给定的背景图片上制作星光闪烁效果的动画短片。屏幕大小为宽 550 像素，高 400 像素。实验内容要求如下。

1. 绘制图形，设置渐变颜色，创建元件。创建星星效果，建立"光球"元件及"光线"元件。
2. 创建"普通帧"和"关键帧"，在 25 帧范围内通过多图层方式，将星星分布在不同的图层上。
3. 创建补间动画。
4. 导入背景图片"背景 2.jpg"。
5. 发布影片。

三、实验步骤

1. 新建文档
选择"文件/新建"命令，新建一个 Flash 文档。
2. 设置文档格式
选择"修改/文档"命令，打开图 7-36 所示的"文档属性"对话框。更改为黑色背景。
3. 绘制椭圆
制作一个球体。单击"插入/新建元件"按钮，取名为"光球"，类型为"图形"，然后在工具栏里选取"椭圆工具"，在工作区绘制一个正圆形。

4. 设置颜色效果

选择"颜色"命令，打开"光球"面板，选择渐变色中的圆形渐变，制作两个滑块的渐变色，其中第一个滑块颜色选取成白色，但 Alpha 值设置为 100，表示不透明，最好不要放在最左边，否则中间的白点就太小；第二个滑块为浅黄色，Alpha 值设置成 0，即全透明。这样设置以后，将会达到很好的视觉效果，如图 7-37 所示。

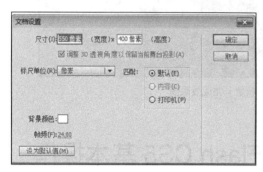

图 7-36 "文档属性"对话框

图 7-37 调色滑块属性设置

5. 填充图形

用渐变色填充图形，得到图 7-38 所示的图形，此时球就有了放射性的效果（可以设置不同的颜色）。

图 7-38 绘制圆形操作

6. 制作光线 1

首先设置第一种光线色彩效果，选择"矩形工具"，并在"颜色"面板中选择渐变色中的"线性渐变"，制作 4 个滑块的渐变色，其中两头的滑块颜色选取成黄色，但 Alpha 值设置为 0，即全透明的黄色。中间滑块的颜色也选取成黄色的，但 Alpha 值设置为 80，即部分透明，渐变效果如图 7-39 所示。

7. 建立元件 1

新建一个元件，取名为"光线一"，类型为图形，选择"矩形工具"，在黑色背景的电影上任意画一个区域，矩形框高度大概为"1px"左右，此时会有光线的效果。

8. 制作光线 2

（1）首先设置第二种光线色彩效果。按照第 6 步的设置，制作 4 个滑块的渐变色，其中在两边的滑块颜色设为粉红色，Alpha 值为 0；中间滑块的颜色设为白色，Alpha 值为 100，效果如图 7-40 所示。

图 7-39　滑块黄色设置　　　　　　　　　图 7-40　滑块粉色设置

（2）按照第 7 步的制作方法，制作一个元件，并命名为"光线二"。

准备工作到现在都已经完成了，接下来，用做好的元件制作另外一个星星的元件。

9. 建立元件 2

新建一个元件，类型设为"影片剪辑"，并命名为"星星"，调出元件库，将"光线一"拖入，按 Ctrl + Alt + S 组合键，弹出对话框，调整它的大小和旋转角度，设旋转角度为 20°，效果如图 7-41 所示。

10. 拖移光线

（1）再拖入一条"光线一"，与前一条光线的中心重合，按照同样的方法，旋转角度为 40°，大小设为不同于前光线，同理再拖入第 3 条"光线一"，分别旋转 40°、50° 和 80° 不等，角度大小均有所变化，效果如图 7-42 所示。

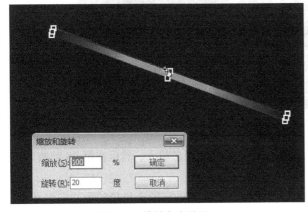　　

图 7-41　旋转角度设置　　　　　　　　　图 7-42　光线一角度设置

（2）新建一个图层，在新层中拖入"光线二"，一条旋转 90°，一条不旋转角度，并把它们的大小设为比"光线一"大，这样才能重点突出它们，注意中心与前面的光线一致，效果如图 7-43

所示。

（3）再新建一个图层，将"光球"拖入，调整大小和位置。这样星星的整体形状就做出来了，效果如图 7-44 所示。

图 7-43　光线二角度设置

图 7-44　拖入光球

11. 新建影片剪辑

（1）选择"插入/新建元件"命令新建一个影片剪辑，命名为"运动的星星"，调出元件库，把刚才做好的星星拖放到工作区中心，注意和十字重合，效果如图 7-45 所示。

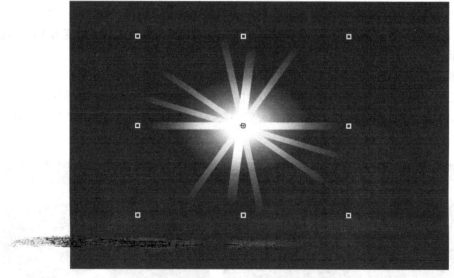

图 7-45　元件组合设置

（2）选取这个星星，运用工具栏中的"变形"工具把这个星星放大，然后在第 25 帧按 F5 键，插入一个普通帧，并且锁住这个层。

（3）再新建一个图层，从元件库中拖入一个星星，放在刚做好的大星星的中心，再在第 25 帧按 F6 键插入一个关键帧。

（4）把第 25 帧的那个星星拖到大星星的一个角上，再把第 25 帧星星的透明度设为 40%，返回第一帧，右击创建"传统补间"动画，效果如图 7-46 所示。

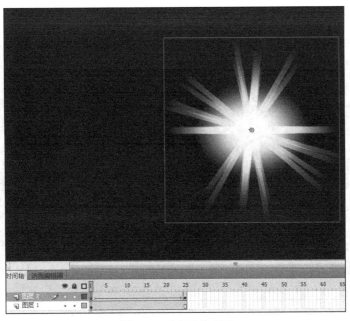

图 7-46　建立星星动画

（5）再新建一个图层，把第二层第 1 帧的星星复制到第三层的第 1 帧，这样做是为了使星星能重合，按照第二层的做法把它设为"传统补间"动画，这次要把第 25 帧的星星放到大星星的另一个角上，依次做好五个层的运动星星，图层效果如图 7-47 所示。

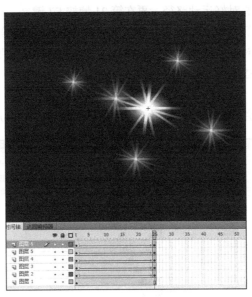

图 7-47　建立五个星星动画

12. 删除图层

效果需要把那个大星星层连同星星一起删除，也就是图 7-47 中的图层 1。

13. 新建元件和图层

（1）选择"插入/新建元件"命令再新建一个影片剪辑，命名为"运动"，现在是设置流星的运动路径，可根据目的的不同画出不同的动运路径。在第 100 帧按 F5 键插入一个帧，然后锁定这个层，图层效果如图 7-48 所示。

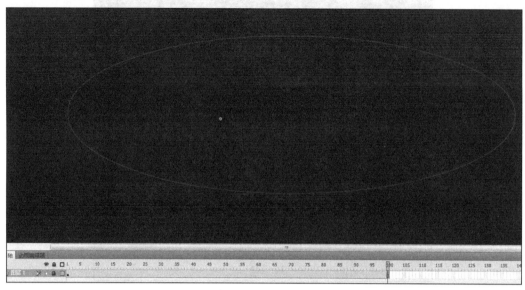

图 7-48　运动路径

（2）新建图层 2，把刚才做好的那个"运动的星星"元件拖到第 1 帧，中点对好运动路径的开头，再在第 20 帧按 F7 键，这样"运动的星星"做完了第 20 帧的运动后就会停下来。

（3）新建图层 3，在第 2 帧按 F7 键，然后把"运动的星星"拖到第 2 帧，这颗星星一定要放到第一颗星星的后面，中心对好运动路径，再在第 21 帧按 F7 键。

（4）新建图层 4，在第 3 帧按 F7 键，然后把"运动的星星"拖到第 3 帧，这个星星放在第二个星星的后面，中心也要对好运动路径，然后在第 22 帧按 F7 键。依照这样的方法把星星依次排成设定的运动路径。仔细查看图层变化，图层效果如图 7-49 所示。

14. 删除图层

最后把第一层的运动路径删除掉，图层 1 被删除的效果如图 7-49 所示。

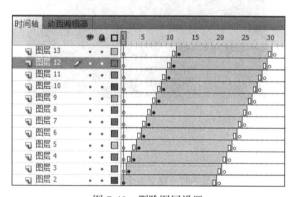

图 7-49　删除图层设置

15. 添加背景层

导入背景，把"运动"的影片剪辑拖放到导入的背景图上，效果如图 7-50 所示；按 Ctrl + Enter 键测试影片观赏动画，最终效果如图 7-51 所示，有了闪烁的星星做装饰，画面显得丰富多了！保存文件，导出影片。

图 7-50　背景上插入影片剪辑

图 7-51　星光闪烁效果

实验四　Adobe Premiere CS3 视频编辑操作

一、实验目的

1. 了解 Adobe Premiere CS3 软件界面及功能特点。
2. 初步掌握 Adobe Premiere CS3 软件的简单操作及常用工具的使用方法。
3. 掌握使用 Adobe Premiere CS3 软件编辑简单视频的操作方法。

二、实验内容及要求

启动 Adobe Premiere CS3 软件，新建一个视频项目文件，创建字幕，导入给定文件"中秋.psd"，按要求制作出视频字幕特效。

1. 新建项目和容器，项目名称为"中秋贺卡"，参数为"HDV 720p25"。

2. 创建一个字幕文件命名为"字幕 1"，在"字幕 1"中插入标志文件"中秋.psd"；创建另一个"字幕 2"文件，垂直文字，输入"中秋佳节"，设置字体颜色为"黄色"，字体大小为"125"。

3. 制作滚动字幕效果。视频滚动特效到"字幕 2"上，时间长度 60 秒。

4. 新建"图片"文件夹，导入"月饼 1.jpg""月饼 2.jpg""月饼 3.jpg"等图片。再新建一个"音乐"文件夹，将"bz.mp2"导入其中。

5. 导出影片。

三、实验步骤

1. 新建文件

打开 Adobe Premiere CS3 软件，在欢迎界面选择"新建项目"按钮，即可新建一个视频项目文件，操作效果如图 7-52 所示。

图 7-52　新建项目设置

2. 建立项目

单击"新建项目"后，在对话框中可以选择"DV-PAL"或"HDV"文件夹中的某一项，这里选"HDV 720p25"，窗口右侧显示该选项的相关参数意义；另外，在窗口下方，确定新建项目的存储路径和文件，输入"中秋贺卡"名称。

3. 建立字幕

（1）选择"文件/新建/字幕"，创建一字幕文件命名为"字幕 1"，并打开"新建字幕"对话框，效果如图 7-53 所示。

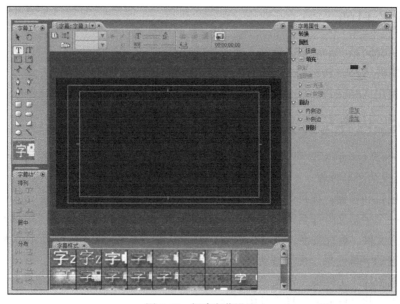

图 7-53　新建字幕设置

（2）单击窗口左侧工具栏中"矩形"工具，在"字幕"窗口中拖曳一矩形，然后在"填充"选项中设置"色彩"的 RGB 值为"210，50，50"；效果如图 7-54 所示。

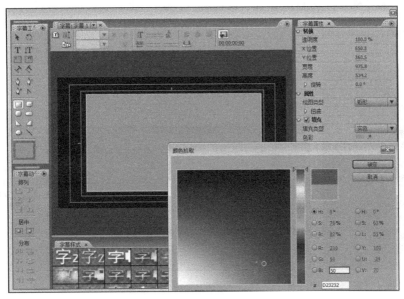

图 7-54　RGB 值设置

（3）在字幕窗口中右击"标志/插入标志"选项，选择"中秋.psd"，效果如图 7-55 所示。

图 7-55　字幕 1 设置

4. 创建"字幕 2"文件

（1）单击"垂直文字"工具，然后输入文字"中秋佳节"，设置字体颜色为"黄色"，字体大小为"125"等文字属性，效果如图 7-56 所示。

（2）单击"字幕"窗口的"关闭"按钮，返回 Adobe Premiere CS3 界面，此时创建的字幕会自动出现在"项目"窗口中。

5. 设置"字幕"效果

（1）将"字幕1""字幕2"分别拖至视频2、视频3轨道上，并将它们的长度均设置为60秒。将"视频特效/转换/滚动"设置到"字幕2"上，效果如图7-57所示。

图7-56　字幕2设置　　　　　　　　　　　　　图7-57　字幕2特效设置

（2）在"特效控制"窗口中单击"滚动"右侧的"设置…"按钮，将滚动方式设置为"右"，使"字幕2"中的文字从左向右滚动，效果如图7-58所示。

6. 新建容器

（1）在"项目"窗口中单击"新建容器"按钮，并将其命名为"图片"。右击"图片"文件夹"导入"按钮，选择"月饼1.jpg""月饼2.jpg""月饼3.jpg"等图片。使用以上步骤相同的方法，再新建一个"音乐"文件夹，并将"bz.mp2"导入其中，效果如图7-59所示。

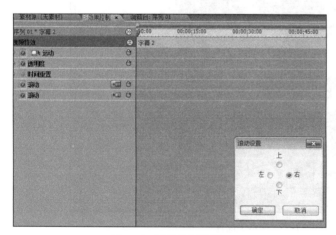

图7-58　特效控制设置　　　　　　　　　　　　图7-59　新建容器设置

（2）将"项目"窗口中"图片"文件夹拖至视频1轨道，将"音乐"文件夹拖至音频轨道1，将图片"月饼1.jpg"至"月饼3.jpg"在"运动"选项中分别调整位置和缩放，以适应屏幕大小。视频操作完成，调取"字幕1"更改背景为黄色，最终效果如图7-60所示。

图 7-60 更改背景效果图

7. 导出影片

单击"文件/导出/影片"按钮，导出"序列 01.avi"，如图 7-61 所示，保存文件。

图 7-61 "导出影片"对话框

第8章
数据库基础实验

实验一　数据库及表的操作

一、实验目的

1. 掌握数据库的创建及基本操作。
2. 熟练掌握数据表建立、数据表维护等基本操作。

二、实验内容及要求

在 Access 2013 软件环境下创建一个数据库，并按要求创建数据表，实现对数据库及数据表的系列操作。实验要求如下。

1. 创建一个空数据库，命名为"图书馆数据库.accdb"，进行打开、关闭等操作。
2. 数据表的创建。创建 "读者信息表""借阅信息表"和"书籍信息表"，合理建立表结构，设置字段属性，建立表之间的关系，进行数据的输入。
3. 数据表维护。进行打开表、关闭表、调整表外观、修改表结构、编辑表内容等操作。

三、实验步骤

（1）创建一个空数据库，命名为"图书馆数据库.accdb"，并保存在桌面上。

①启动 Access 2013 软件，单击窗口中间的 "空白桌面数据库"图标，在弹出的对话框中输入文件名"图书馆数据库.accdb"。

②单击 按钮，在打开的 "文件新建数据库"对话框中，选择数据库的保存位置为桌面，单击"确定"按钮。

③这时返回到 Access 2013 启动界面，显示将要创建的数据库的名称和保存位置，如果用户未提供文件扩展名，Access 2013 将自动添加上，如图 8-1 所示。

④在对话框下面，单击"创建"命令按钮，数据库文件创建完毕。此时桌面上会出现"图书馆数据库.accdb"的文件图标。

（2）关闭打开的 "图书馆数据库.accdb"数据库。

单击数据库窗口右上角的"关闭"按钮，或在 Access 2013 主窗口选"文件"→"关闭"菜单命令。

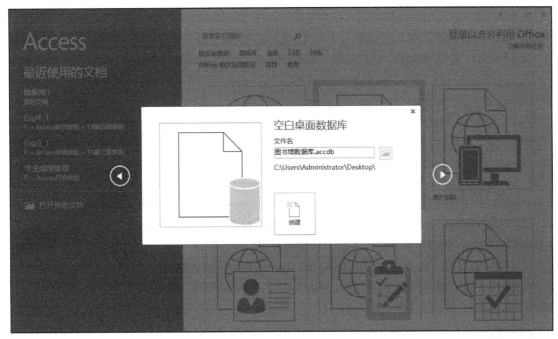

图 8-1 创建数据库

（3）双击桌面上的"图书馆数据库.accdb"文件，再次进入 Access 2013 软件操作界面。在数据库中，使用"设计视图"创建一张"读者信息表"，结构如表 8-1 所示。

表 8-1　　　　　　　　　　　　　　"读者信息表"结构

字段名称	数据类型	字段大小	是否主键
读者编号	文本	6	是
读者姓名	文本	12	
性别	文本	1	
出生日期	日期/时间		
部门	文本	20	
联系电话	文本	12	

①在软件功能区上的"创建"选项卡的"表格"组中，单击"表设计"按钮，效果如图 8-2 所示。
②单击"表格工具/设计/视图"中的"设计视图"选项，如图 8-3 所示。

图 8-2 创建表

图 8-3 "设计视图"和"数据表视图"切换

③打开表的设计视图，按照表 8-1"读者信息表"结构内容，在字段名称列输入字段名称，在数据类型列中选择相应的数据类型，在常规属性窗格中设置字段大小，如图 8-4 所示。

④单击软件左上角保存按钮，在弹出的"另存为"对话框中，以"读者信息表"为名称，单击"确定"按钮保存表。

（4）使用"数据表视图"创建一张"借阅信息表"，结构如表8-2所示。

表8-2　　　　　　　　　　　　　"借阅信息表"结构

字段名称	数据类型	字段大小	是否主键
读者编号	文本	6	是
书籍编号	文本	6	是
借书日期	日期/时间		是
还书日期	日期/时间		

①在软件功能区上的"创建"选项卡的"表格"组中，单击"表设计"按钮，参见图 8-4，这时将创建名为"表1"的新表，并在"数据表视图"中打开它。

②双击 ID 字段，可对其进行重命名。将 ID 字段改为"读者编号"。

③选中"读者编号"字段列，在"表格工具/字段"选项卡的"格式"组中，把"数据类型"设为"短文本"，如图8-5所示。

图 8-4　"设计视图"窗口

图 8-5　使用数据表视图定义字段

提示

如果需要修改数据类型，以及对字段的属性进行其他设置，最好的方法是在表设计视图中进行，在 Access 2013 工作窗口的右下角，单击"设计视图"按钮，打开表的设计视图，设置完成后要再保存一次表。

④以同样方法，按表 8-2 "借阅信息表"结构的属性所示，依次定义表的其他字段。再利用设计视图修改。

⑤最后单击软件左上角保存按钮，在弹出的"另存为"对话框中，以"借阅信息表"为名称，单击"确定"按钮保存表。

（5）使用"数据表视图"，在"读者信息表"里输入表8-3所示数据。

表8-3　　　　　　　　　　　　　"读者信息表"数据

读者编号	读者姓名	性别	出生日期	部门	联系电话
D001	张海	男	1984-11-6	物理学院	6168111
D002	周宇欣	女	1984-5-31	信息学院	6168222
D003	江永清	男	1985-10-26	信息学院	6168333

①在软件左侧的"导航窗格"中双击"读者信息表"，打开"读者信息表"的数据表视图。

②从第 1 个空记录的第 1 个字段开始分别输入"读者姓名""性别"和"出生日期"等字段的值。

③输入完一条记录后，按 Enter 键或者按 Tab 键转至下一条记录，继续输入下一条记录。

④输入完全部记录后，单击快速工具栏上的"保存"按钮，保存表中的数据。

⑤用类似方法在"借阅信息表"里输入表 8-4 所示数据。

表 8-4 　　　　　　　　　　　　　　　　"借阅信息表"数据

读者编号	书籍编号	借书日期	还书日期
D001	S001	2004-10-12	2005-1-10
D002	S002	2005-4-9	
D003	S003	2005-3-25	2005-4-19
D001	S004	2004-11-30	
D003	S005	2004-12-20	

（6）从 Excel 中导入"书籍信息表"并对表结构进行修改，表结构如表 8-5 所示。

表 8-5 　　　　　　　　　　　　　　　　"书籍信息表"表结构

字段名称	数据类型	字段大小	是否主键
书籍编号	文本	6	是
书籍名称	文本	6	
出版社	文本	10	
书籍数量	数字	整型	

①在软件功能区，选中"外部数据"选项卡，在"导入并链接"组中单击"Excel"选项，如图 8-6 所示。

②在打开的"获取外部数据库"的对话框中，单击"浏览"按钮，在打开的"打开"对话框中，"查找范围"定位与外部文件所在夹，选中导入数据源文件"书籍信息表.xlsx"，单击"打开"按钮，返回到"获取外部数据库"对话框中，单击"确定"按钮，如图 8-7 所示。

图 8-6　外部数据选项卡

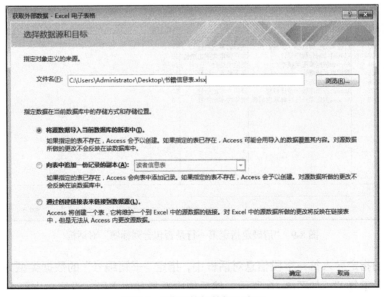

图 8-7　"获取外部数据"窗口

③在打开的"导入数据表向导"对话框中，直接单击"下一步"按钮，如图 8-8 所示。

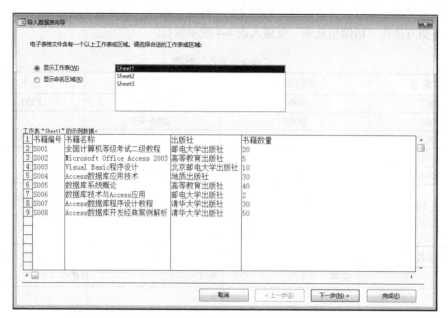

图 8-8　"导入数据表向导"对话框

④在打开的"请确定指定第一行是否包含列标题"对话框中，选中"第一行包含列标题"复选框，然后单击"下一步"按钮，如图 8-9 所示。

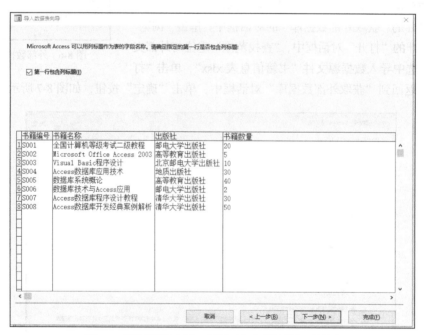

图 8-9　"请确定指定第一行是否包含列标题"对话框

⑤在打开的指定导入每一字段信息对话框中，指定"书籍编号"的数据类型为"短文本"，索引项为"有（无重复）"，如图 8-10 所示，然后依次选择其他字段，设置"书籍名称""出版社"的数据类型为"短文本"，其他默认。单击"下一步"按钮。

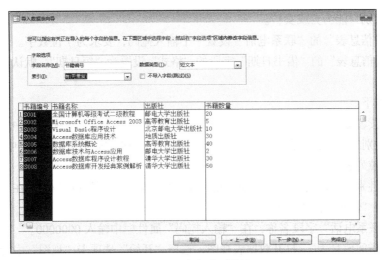

图 8-10 字段选项设置

⑥在打开的定义主键对话框中，选中"我自己选择主键"，Access 2013 自动选定"书籍编号"，然后单击"下一步"按钮，如图 8-11 所示。

⑦打开"制定表的名称"对话框，在"导入到表"文本框中，输入"书籍信息表"，单击"完成"按钮。至此完成使用导入方法创建表。

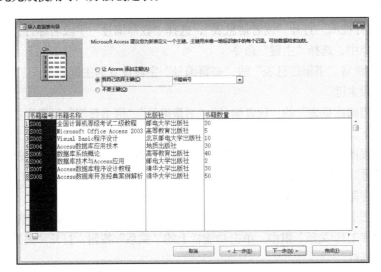

图 8-11 主键设置

数据共享是加快信息流通，提高工作效率的要求。Access 提供的导入导出功能就是用来实现数据共享的工具。在 Access 2013 中，可以通过导入存储在其他位置的信息来创建表。例如，可以导入 Excel 工作表、ODBC 数据库、其他 Access 2013 数据库、文本文件、XML 文件及其他类型文件。

（7）设置字段属性。

①将"读者信息表"的"性别"字段的"字段大小"重新设置为1，默认值设为"男"，索引设置为"有（有重复）"。

②设置验证规则，使"读者信息表"中"性别"字段只能输入"男"或"女"。否则在有效性

文本中提示"性别只能为男或女！"。

③为"读者信息表"的"联系电话"设置一个输入掩码，要求为 7 位数字。

④将"借阅信息表"的"借书日期"字段的"格式"设置为"短日期"，默认值设为当前系统日期。

操作方法如下。

a. 双击"读者信息表"，打开数据表视图，选择"开始"选项卡"视图"中的"设计视图"选项。选中"性别"字段行，在"字段大小"框中输入 1，在"默认值"属性框中输入"男"，在"索引"属性下拉列表框中选择"有（有重复）"。

b. 选中"性别"字段行，在"验证规则"属性框中输入"男"or"女"，在"验证文本"属性框中输入文字"性别只能为男或女！"。

c. 选中"联系电话"字段名称，在"输入掩码"属性框中输入 0000000。

d. 双击"借阅信息表"，打开数据表视图，选择"开始"选项卡"视图"中的"设计视图"选项。选中"借书日期"字段行，在"格式"属性下拉列表框中，选择"短日期"格式。

e. 单击快速工具栏上的"保存"按钮，保存表的修改结果。

（8）设置主键。

①创建单字段主键。

要求：将"读者信息表"的"读者编号"字段设置为主键。

操作方法如下。

a. 使用"设计视图"打开"读者信息表"，选择"教师编号"字段名称行，单击鼠标右键，在弹出的快捷菜单中，选择"主键"命令。

b. 用同样方法将"书籍信息表"的"书籍编号"字段设置为主键。

②创建多字段主键。

要求：将"借阅信息表"的"读者编号""书籍编号""借书日期"设置为主键。

操作方法如下。

使用"设计视图"打开"读者信息表"，选择"读者编号"字段名称行，按住 Ctrl 键，再分别选中"书籍编号""借书日期"字段行，单击鼠标右键，在弹出的快捷菜单中，选择"主键"命令，即可将 3 个字段同时设置为主键。

（9）创建"图书馆数据库.accdb"数据库中表之间的关联，并实施参照完整性。

①在"数据库工具/关系"组中，单击功能栏上的"关系"按钮，打开"关系"窗口，同时打开"显示表"对话框。

②在"显示表"对话框中，分别双击"读者信息表""借阅信息表""书籍信息表"，将其添加到"关系"窗口中。关闭"显示表"窗口。

③选定"读者信息表"中的"读者编号"字段，然后按住鼠标左键并拖动到"借阅信息表"表中的"读者编号"字段上，松开鼠标。此时屏幕显示图 8-12 所示的"编辑关系"对话框。

④选中"实施参照完整性"复选框，单击"创建"按钮。

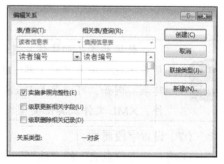

图 8-12　"编辑关系"对话框

⑤用同样的方法将"书籍信息表"中的"书籍编号"字段拖到"借阅信息表"中的"书籍编

号"字段上，并选中"实施参照完整性"，结果如图 8-13 所示。

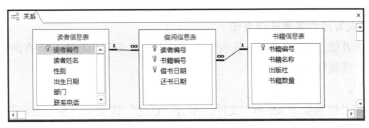

图 8-13　"表"间关系

⑥单击"保存"按钮，保存表之间的关系，单击"关闭"按钮，关闭"关系"窗口。

（10）调整"读者信息表"的外观。

①字体设置为红色楷体、倾斜、14 号。

②单元格效果设置为凹陷。

③行高设置为 20，列宽设置为"最佳匹配"。

操作方法如下。

a. 使用"数据表视图"打开"读者信息表"，选中所有字段列，在"开始"选项卡的"文本格式"选项组中设置字体格式。

b. 单击"文本格式"选项组右下角的扩展按钮 ，在弹出的"设置数据表格式"对话框中将单元格效果设置为"凹陷"，单击"确定"按钮。

c. 按住 Ctrl 键，选中所有记录行，单击鼠标右键，在快捷菜单中选择"行高"命令，在弹出的对话框中将行高设置为 20，单击"确定"按钮。选中所有字段列，单击鼠标右键，在快捷菜单中选择"字段宽度"命令，在弹出的对话框单击"最佳匹配"按钮，单击"确定"按钮。返回数据表视图界面观察效果。

实验二　数据库查询

一、实验目的

1. 理解 SQL 查询命令功能。

2. 掌握使用查询对象进行数据查询的方法。

二、实验内容及要求

在实验一的基础上，将数据库"图书馆数据库.accdb"内的"读者信息表""借阅信息表"和"书籍信息表"等为数据源，查询读者借书的详情。实验要求如下。

1. 创建条件查询。要求"性别"为"男"性，"书籍名称"为"全国计算机等级考试二级教程"，"借书日期"为 2005-1-1 之前的。

2. 使用 SQL 中 SELECT 语句进行数据查询。

（1）创建 SQL 查询。要求对"读者信息表"进行查询，显示全部读者信息。

（2）创建 SQL 操作查询。要求对"读者信息表"进行信息追加、更新和删除。

三、实验步骤

1. 使用查询向导建立多表选择查询

要求：以"读者信息表""借阅信息表"和"书籍信息表"为数据源，查询读者借书的详情，所建查询命名为"借阅详情"。

操作方法如下。

（1）打开"图书馆数据库.accdb"文件，单击"创建"选项卡，在"查询"组中单击"查询向导"，弹出"新建查询"对话框。

（2）在"新建查询"对话框中选择"简单查询向导"，单击"确定"按钮，在弹出的对话框的"表与查询"下拉列表框中选择数据源为"表:读者信息表"，再分别双击"可用字段"列表中的"读者编号"和"读者姓名"字段，将它们添加到"选定的字段"列表框中；用同样方法，选择数据源为"表：书籍信息表"，双击"书籍名称"；选择数据源为"表：借阅信息表"，双击"借书日期"，如图 8-14 所示。

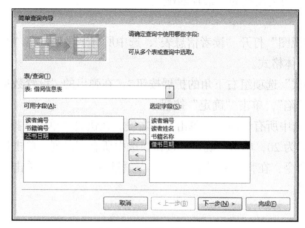

图 8-14　简单查询向导

（3）单击"下一步"按钮，设置为查询指定标题为"借阅详情"，其余选项默认，最后单击"完成"按钮。

2. 创建带条件的多表选择查询

要求：查找 2005 年以前借阅了"全国计算机等级考试二级教程"的男生的信息，要求显示"读者编号""读者姓名""性别""部门""书籍名称"字段内容。

操作方法如下。

（1）打开"图书馆数据库.accdb"文件，在软件窗口中单击"创建"选项卡，在"查询"组中单击"查询设计"，此时出现"表格工具/设计"选项卡，同时打开了查询设计视图及"显示表"对话框。

（2）在"显示表"对话框中选择"读者信息表"，单击"添加"按钮，使用同样方法，再依次添加"借阅信息表"和"书籍信息表"。

（3）双击"读者信息表"中"读者编号""读者姓名""性别"字段；双击"书籍信息表"中"书籍名称"字段；双击"借阅信息表"中"借书日期"字段，将它们依次添加到"字段"行的第1～5 列上。

（4）单击"借书日期"字段"显示"行上的复选框，使其空白，查询结果中不显示借书日期字段值。

①在"性别"字段列的"条件"行中输入条件"男"，在"书籍名称"字段列的"条件"行中输入条件"全国计算机等级考试二级教程"，在"借书日期"字段列的"条件"行中输入条件 <#2005-1-1#，设置结果如图 8-15 所示。

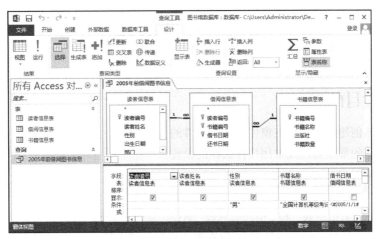

图 8-15　"多条件查询"设计视图

②单击保存按钮，在"查询名称"文本框中输入"2005 年前借阅图书信息"，单击"确定"按钮。

③单击"查询工具/设计"选项卡中"结果"上的"运行"按钮，查看查询结果。

3. 创建 SQL 查询

要求：对"读者信息表"进行查询，显示全部读者信息。

操作方法如下。

（1）在设计视图中创建查询，不添加任何表，在"显示表"对话框中直接单击"关闭"按钮，进入空白的查询设计视图。

（2）单击"查询类型"选项，再单击"SQL 视图"按钮，进入 SQL 视图，如图 8-16 所示。

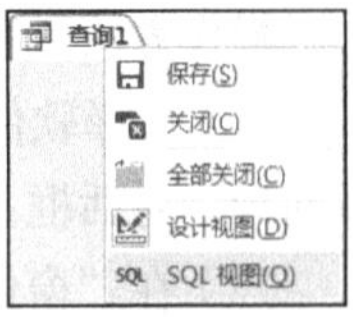

（4）在 SQL 视图中输入语句：SELECT * FROM 读者信息表。

（5）保存查询为"SQL 查询"。

图 8-16　SQL 视图

（6）单击"运行"按钮，显示查询结果。

4. 创建 SQL 操作查询

要求：对"读者信息表"进行信息追加、更新和删除。

操作方法如下。

（1）参照上述方法打开 SQL 视图，在 SQL 视图中输入以下语句：

①INSERT INTO 读者信息表（读者编号，读者姓名，性别，出生日期，部门，联系电话）。

②VALUES（"D004","李雷","女",#1992/02/04#,"物理学院",6168111）保存为"追加查询"，单击"运行"按钮，观察到读者信息表追加了一条记录。

（2）参照上述方法打开 SQL 视图，在 SQL 视图中输入以下语句：

①UPDATE 读者信息表 SET 性别 = "男"

②WHERE 读者编号 = "D004"保存为"更新查询"，单击"运行"按钮，观察到读者信息表中

编号为 D004 读者性别改为男。

（3）参照上述方法打开 SQL 视图，在 SQL 视图中输入以下语句：

①DELETE * FROM 读者信息表

②WHERE 读者姓名 Like "李*"保存为"删除查询"，单击"运行"按钮，观察到读者信息表中姓李的读者信息被删除。

实验三　窗体

一、实验目的

1. 掌握窗体创建的方法及在窗体中添加控件的方法。
2. 理解窗体的常用属性及常用控件属性的设置。

二、实验内容及要求

通过向导为"读者信息表"和"借阅信息表"数据源创建一个嵌入式的主/子窗体。实验要求如下。

1. 在主窗体内选择"读者信息表"，设置窗体标题为"主窗体"；在子窗体内选择"借阅信息表"，设置子窗体标题为"子窗体"。

2. 修改窗体，添加控件，设置窗体及常用控件属性。在设计视图中创建窗体，以"读者信息表"的备份表"读者信息表 2"为数据源创建一个窗体，用于输入学生信息。

三、实验步骤

1. 使用向导创建窗体

要求：以"读者信息表"和"借阅信息表"为数据源创建一个嵌入式的主/子窗体。

操作方法如下。

（1）选择软件窗口的"创建"选项卡的"窗体"选项组，单击"窗体向导"按钮，打开"窗体向导"对话框。

（2）在"窗体向导"对话框中的"表/查询"下拉列表框中，选中"表：读者信息表"，并将其全部字段添加到右侧"选定字段"中；再选择"表：借阅信息表"，并将全部字段添加到右侧"选定字段"中。

（3）单击"下一步"按钮，在弹出的窗口中，选择"通过 读者信息表"查看数据方式，并选中"带有子窗体的窗体"选项。

（4）单击"下一步"按钮，在子窗体使用的布局中选择"数据表"选项。

（5）单击"下一步"按钮，将窗体标题设置为"读者信息表"，将"子窗体"标题设置为"借阅信息表子窗体"。

（6）单击"完成"按钮，如图 8-17 所示。

2. 在设计视图中创建窗体

要求：以"读者信息表"的备份表""读者信息表 2"为数据源创建一个窗体，用于输入学生信息。

操作方法如下。

（1）在导航窗格中，选中"读者信息表"，对该表进行复制和粘贴，在弹出的"粘贴表方式"

对话框中，设置表名称为"读者信息表 2"，粘贴选项为"结构和数据"，如图 8-18 所示。

图 8-17　嵌入式的主/子窗体　　　　　　　　　　图 8-18　粘贴数据表

（2）选中"读者信息表 2"，单击"打开"按钮，在数据表视图下，将光标定位到"性别"字段任一单元格中，使用 Ctrl + H 组合键，调出"替换"对话框，查找"男"，全部替换为 1，查找"女"，全部替换为 2，替换完成后关闭"读者信息表 2"。

（3）在导航窗格中，选择"读者信息表 2"，单击"创建"选项卡中"窗体"组的"窗体设计"按钮，建立窗体，弹出"字段列表"窗体（"字段列表"窗体，可通过单击"窗体设计工具/设计"选项卡中"工具"组的"添加现有字段"按钮，切换显示/隐藏）。

（4）分别将字段列表窗口中的"读者信息表 2"中的"读者编号""读者姓名""出生日期""部门""联系电话"字段拖放到窗体的主体节中，并调整好它们的大小和位置。

（5）在"窗体设计工具/设计"选项卡的"控件"组中单击"使用控件向导"按钮，如图 8-19 所示。

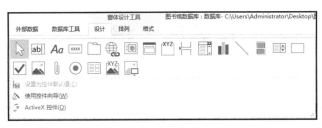

图 8-19　"窗体设计工具/设计"选项卡

（6）单击"选项组"按钮，在窗体上添加选项组控件。在"选项组向导"窗口中"标签名称"列表框中分别输入"男""女"。单击"下一步"按钮，如图 8-20 所示。

（7）在"默认项"中选择"是"，并指定"男"为默认选项。单击"下一步"按钮。

（8）设置"男"选项值为 1，"女"选项值为 2。单击"下一步"按钮，如图 8-21 所示。

图 8-20　设置选项标签　　　　　　　　　　　图 8-21　设置选项值

（9）选中"在此字段中保存该值"选项，并选中"性别"字段。单击"下一步"按钮。

（10）选择"选项按钮"和"蚀刻"样式。单击"下一步"按钮，输入标题为"性别"，单击"完成"按钮。

使用设计视图创建窗体完成效果如图 8-22 所示，单击"保存"按钮，将窗体命名为"读者信息表 2 窗体"。切换到窗体视图，查看最终的运行效果。

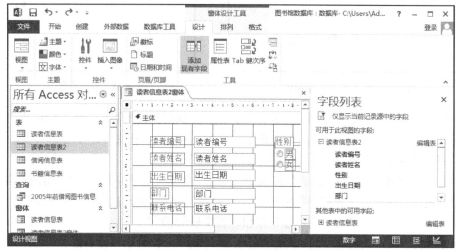

图 8-22　设计视图创建窗体完成效果图

实验四　报表

一、实验目的

1. 了解报表布局，理解报表的概念和功能。
2. 掌握创建报表的基本方法及报表常用控件的使用方法。

二、实验内容及要求

根据　"图书馆数据库.accdb"数据库文件，创建数据报表。实验要求如下。

1. 使用报表向导创建"借阅详情"报表，为报表指定标题为"借阅详情"。

2. 使用"设计"视图功能，以"借阅详情"为数据源，在报表设计视图中创建"图书借阅详情报表"。修改报表，在报表上添加控件，设置报表的常用控件属性。

3. 使用"打印预览"功能，查看报表。

三、实验步骤

1. 使用报表向导创建报表

要求：使用"报表向导"创建"借阅详情"报表。

操作方法如下。

（1）打开"图书馆数据库.accdb"文件，在"导航"窗格中，选择"借阅详情"查询表。

（2）在"创建"选项卡的"报表"组中，单击"报表向导"按钮，打开"报表向导"对话框，这时数据源已经选定为"查询：借阅详情"（在"表/查询"下拉列表中也可以选择其他数据源）。在"可用字段"窗格中，将全部字段发送到"选定字段"窗格中，如图 8-23 所示，然后单击"下一步"按钮。

（3）在打开的"请确定查看数据的方式"对话框中，设置"通过 借阅信息表"方式查看，如图 8-24 所示，然后单击"下一步"按钮。

图 8-23 确定报表字段

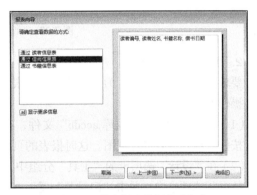

图 8-24 设定报表数据查看方式

（4）在打开的"是否添加分组级别"对话框中，自动给出分组级别，并给出分组后报表布局预览。这里是按"读者编号"字段分组（这是由于读者编号与借阅之间建立的一对多关系所决定的，否则就不会出现自动分组，需要手工分组），单击"下一步"按钮，如图 8-25 所示。

如果需要再按其他字段进行分组，可以直接双击左侧窗格中的用于分组的字段。

（5）在打开的"请确定明细信息使用的排序次序"对话框中，选择按"借书日期"降序排序，如图 8-26 所示，单击"下一步"按钮。

图 8-25 设定报表是否添加分组

图 8-26 设定报表排序方式

（6）在打开的"请确定报表的布局方式"对话框中，确定报表所采用的布局方式。这里选择"表格"式布局，方向选择"纵向"，单击"下一步"按钮。

（7）在打开的"请为报表指定标题"对话框中，指定报表的标题，输入"借阅详情"，选择"预览报表"单选项，然后单击"完成"按钮，如图 8-27 所示。

图 8-27 "借阅详情" 报表预览

2. 使用"设计"视图

要求：以"借阅详情"为数据源，在报表设计视图中创建"图书借阅详情报表"。

操作方法如下。

（1）打开"图书馆数据库.accdb"文件，在"创建"选项卡的"报表"组中，单击"报表设计"按钮，打开报表设计视图。这时报表的页面页眉/页脚和主体节同时出现，这点与窗体不同。

（2）在"设计"选项卡的"工具"分组中，单击"属性表"按钮，打开报表"属性表"窗口，在"数据"选项卡中，单击"记录源"属性右侧的下拉列表，从中选择"借阅详情"，如图 8-28 所示。

（3）在"设计"选项卡的"工具"分组中，单击"添加现有字段"按钮，打开"字段列表"窗口，并显示相关字段列表，如图 8-29 所示。

图 8-28 报表记录源

图 8-29 "字段列表"窗口

（4）在"字段列表"窗格中，把"学号""姓名""课程名""成绩"字段拖到主体节中。

（5）在快速工具栏上，单击"保存"按钮，以"学生选课信息"为名称保存报表。这个报表设计不太美观，需要进一步修饰和美化。

（6）在报表页眉节区中添加一个标签控件，输入标题为"图书借阅详情"，使用工具栏设置标题格式为字号 20、居中。

（7）从"字段列表"窗口中依次将报表全部字段拖放到"主体"节中，产生 4 个文本框控件（4 个附加标签）。

（8）选中主体节区的一个附加标签控件，使用快捷菜单中的"剪切""粘贴"命令，将它移动到页面页眉节区，用同样方法将其余 3 个附加标签也移过去，然后调整各个控件的大小、位置及对齐方式等；调整报表页面页眉节和主体节的高度，以合适的尺寸容纳其中的控件（注：可采用"报表设计工具/排列"中的"调整大小和排序"进行设置），设置效果如图 8-30 所示。

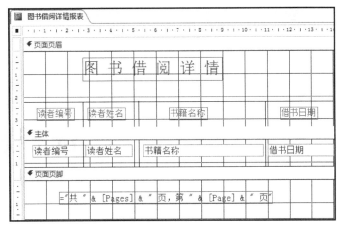

图 8-30 "图书借阅详情报表"设计视图效果

（9）在"报表设计工具/排列"的"控件"组中选"直线"控件，按住 shift 键画直线。

（10）单击"报表设计工具/排列"的"页眉/页脚"组中的"页码"按钮，在页面页脚区插入页码。

3. 查看报表

单击"视图"组—"打印预览"，查看报表，显示效果 8-31 所示。

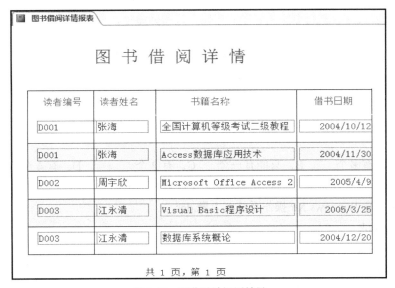

图 8-31 预览设计视图效果

4. 保存报表

报表名称保存为"图书借阅详情报表"。

第9章 选择题题库

第一节 Windows 7 操作系统

1. 以下操作系统中，不是网络操作系统的是（   ）。

    A．MS-DOS   B．Windows 2000 Server

    C．Windows NT   D．Netware

2. 在 Windows 中，执行删除某程序的快捷方式图标命令，表示（   ）。

    A．该程序被破坏，不能正常运行

    B．既删除了图标，又删除了有关的程序

    C．只删除了图标，没删除相关的程序

    D．以上的说法都不对

3. 在 Windows 操作系统环境中可以同时打开多个程序应用窗口，但某一时刻的活动窗口（   ）。

    A．可以有多个   B．只能有一个   C．有 2 个   D．有 4 个

4. 在 Windows 操作系统中，下面（   ）文件名是不正确的。

    A．第 4 章 Windows XP 操作系统练习题.doc

    B．mybook

    C．Book*.xls

    D．mybook.txt

5. 在 Windows 操作系统中，若鼠标指针变成 "I" 形状，则表示（   ）。

    A．当前系统正在访问磁盘

    B．可以改变窗口大小

    C．可以改变窗口的位置

    D．鼠标光标所在的位置可以从键盘输入文本

6. 在 Windows 的默认环境中，下列（   ）组合键能对选定对象执行复制操作。

    A．Ctrl + C   B．Ctrl + V   C．Ctrl + X   D．Ctrl + A

7. 在 Windows 环境中，应用程序之间交换信息可以通过（   ）进行。

    A．"我的电脑" 图标   B．任务栏

C. 剪切板　　　　　　　　　　　　D. 系统工具

8. 在 Windows 界面中，当一个窗口最小化后，其图标位于（　　　）。

　　A. 标题栏　　　　　B. 工具栏　　　　C. 任务栏　　　　D. 菜单栏

9. 在 Windows 系统中，说法不正确的是（　　　）。

　　A. 只能有一个活动窗口　　　　　　B. 可同时打开多个窗口

　　C. 可同时显示多个窗口　　　　　　D. 只能打开一个窗口

10. （　　　）可能是图形化的单用户、多任务的操作系统。

　　A. Windows　　　　B. Netware　　　　C. DOS　　　　　D. UNIX

11. 在 Windows 系统中，设置计算机硬件配置的程序是（　　　）。

　　A. 控制面板　　　　B. 资源管理器　　　C. Word　　　　D. Excel

12. Windows 操作的特点是（　　　）。

　　A. 将操作项拖到对象处　　　　　　B. 先选择操作项，后选择对象

　　C. 同时选择操作项及对象　　　　　D. 先选择对象，后选择操作项

13. 在 Windows 操作过程中，按（　　　）键可以获得帮助。

　　A. Ese　　　　　　B. F1　　　　　　C. Alt　　　　　D. Shift

14. 比较单选按钮和复选框的功能（　　　）。

　　A. 一样　　　　　　　　　　　　　B. 前者在一组选项中只能选择一个

　　C. 后者在一组选项中只能选择一个　D. 前者在一组选项中能选择任意项

15. 窗口的右部或底部有时会出现（　　　），利用它可以方便地将窗口中的内容进行上下左右滚动。

　　A. 窗口边框　　　　B. 窗口角　　　　C. 滚动条　　　　D. 状态栏

16. 在 Windows 系统中设置屏幕保护最简单的方法是在桌面上单击鼠标右键，从快捷菜单中选择（　　　）命令，然后进入对话框选择"屏幕保护程序"选项卡进行设置即可。

　　A. 属性　　　　　　B. 活动桌面　　　C. 新建　　　　　D. 刷新

17. 在 Windows 系统中，为保护文件不被修改，可将它的属性设置为（　　　）。

　　A. 只读　　　　　　B. 存档　　　　　C. 隐藏　　　　　D. 系统

18. 含有（　　　）属性的文件不能被修改。

　　A. 系统　　　　　　B. 存档　　　　　C. 隐藏　　　　　D. 只读

19. 每次启动一个程序或打开一个窗口后，在（　　　）上就会出现一个代表该窗口的图标。

　　A. 桌面　　　　　　B. 任务栏　　　　C. 我的公文包　　D. 收件箱

20. 若屏幕上同时显示多个窗口，可以根据窗口中（　　　）的特殊颜色来判断它是否为当前窗口。

　　A. 菜单　　　　　　B. 符号　　　　　C. 状态　　　　　D. 标题栏

第二节　Office Word 2013 文字处理软件

1. Office Word 2013 文档的扩展名是（　　　）。

　　A. .docx　　　　　　　　　　　　B. .vsdx

　　C. .vstx　　　　　　　　　　　　D. .xlsx

2. 在 Office Word 2013 中的（　　）主要用于更正文档中出现频率较多的字和词。

    A．查找   B．复制和粘贴

    C．查找和替换   D．删除文本

3. 在 Office Word 2013 的"字体"对话框中，没有包含的设置选项是（　　）。

    A．字体   B．字号

    C．段落   D．字符间距

4. 下面插入图片的方法，正确的是（　　）。

    A．单击"插入"选项卡，在"插图"中选择"图片"

    B．单击"设计"选项卡，在"背景"组中设置

    C．单击"开始"选项卡，在"形状样式"组中选择"填充"

    D．以上都不对

5. 在 Office Word 2013 中，格式刷的功能是（　　）。

    A．删除文本或图片

    B．恢复上一次操作

    C．复制文本格式

    D．给文本字符刷颜色

6. "另存为"选项卡位于（　　）。

    A．"插入"选项卡中   B．"文件"下拉菜单中

    C．"开始"选项卡中   D．"页面布局"选项卡中

7. 下列说法不正确的是（　　）。

    A．关闭文档时只需直接单击文档窗口右上角的"关闭"按钮即可

    B．打开一个已经存在的 Office Word 2013 文档可以直接双击该图标

    C．可以先启动 Office Word 2013 软件，然后在打开 word 文档

    D．在打开对话框中必须要选择相应的文件类型

8. 在"打开"对话框中，默认选择的"文件类型"应该是（　　）。

    A．所有 word 文档   B．所有文件

    C．文本文件   D．适当的文件类型

9. 可以在（　　）视图下查看到 Office Word 文档的页眉和页脚。

    A．普通   B．页面

    C．大纲   D．Web 版式

10. 复制和粘贴按钮位于"开始"选项卡中（　　）。

    A．"剪切"组   B．"粘贴"组

    C．"编辑"组   D．"剪贴板"组

11. 在 Office Word 2013 编辑状态下，按回车键产生一个（　　）。

    A．换行符   B．句号

    C．分页符   D．分栏符

12. 在 Office Word 2013 中，将两个单元格合并，则原有两个单元格内容（　　）。

    A．会完全合并   B．不会合并

    C．部分合并   D．有条件地合并

13. 分栏操作只能在 Word 的（　　）视图下实现。

A．页面　　　　　　　　　　　B．大纲

C．Web 版式　　　　　　　　　D．普通

14．在 Office Word 2013 文档编辑中，对所插入的图片，不能进行的操作是（　　　）。

A．放大或缩小　　　　　　　　B．修改其中的图形

C．从矩形边缘裁剪　　　　　　D．移动其在文档中的位置

15．在 Office Word 2013 中，为了将图片置于文字的上一层，应将图片格式的版式设置为
（　　　）。

A．嵌入型　　　　　　　　　　B．浮于文字上方

C．穿越型　　　　　　　　　　D．四周型

16．在 Office Word 2013 中，"页面布局"选项卡中的"页面设置"组，可对页面进行排版，
这里所指的排版的含义是（　　　）。

A．设置页边距，设置纸张的大小、方向和版面

B．设置页边距、页码

C．设置段落格式、字体格式

D．设置版面、页眉和页脚

17．在 Office Word 2013 编辑文档，若不小心做了误删除操作，可用（　　　）恢复操作内容。

A．"粘贴"按钮　　　　　　　B．"撤销"按钮

C．"重复"按钮　　　　　　　D．"复制"按钮

18．要删除单元格，不正确的操作是（　　　）。

A．选中要删除的单元格，按 Del 键

B．选中要删除的单元格，按剪切按钮

C．选中要删除的单元格，使用 Shift + Del 组合键

D．选中要删除的单元格，使用右键的"删除单元格"

19．在 Office Word 2013 中若要删除表格中的某单元格所在行，则应选择"删除单元格"对
话框中（　　　）。

A．右侧单元格左移　　　　　　B．下方单元格上移

C．整行删除　　　　　　　　　D．整列删除

20．给每位家长发送一份《期末成绩通知单》，用（　　　）命令最简便。

A．复制　　　　　　　　　　　B．信封

C．标签　　　　　　　　　　　D．邮件合并

第三节　Excel 2013 电子表格软件

1．在 Excel 2013 的工作簿中，窗口最多可包含（　　　）张工作表。

A．3　　　　　　B．8　　　　　　C．255　　　　　　D．无数

2．在 Excel 2013 中，默认的图表类型是（　　　）。

A．折线图　　　B．柱形图　　　C．饼图　　　　D．条形图

3．在 Excel 2013 中，数值型数据的默认显示方式是（　　　）。

A．中间对齐　　B．右对齐　　　C．左对齐　　　D．自定义

4. 如果要在公式中使用日期或时间，则需要（　　　）。

    A．使用括号的文本形式输入，如：16-7-5

    B．使用单引号的文本形式输入，如：'16-7-5'

    C．使用双引号的文本形式输入，如："16-7-5"

    D．日期和时间根本就不能出现在公式中

5. 图表是动态的，如果需要系统自动更新图表，那么必须改变图表（　　　）。

    A．标题   B．Y轴数据

    C．X轴数据   D．所依赖的数据

6. 工作表和图表进行打印时，错误的做法是以下（　　　）选项。

    A．页面设置/打印   B．保存文件/打印

    C．打印标题/打印   D．文件/打印

7. 工作簿的文件扩展名是（　　　）。

    A．dox   B．txt   C．xlsx   D．ppt

8. 在Excel 2013中，可以建立（　　　）种不同的图表类型。

    A．10   B．8   C．6   D．12

9. 以下属于正确的区域表示法的是（　　　）。

    A．A8>D8   B．A8…D8   C．A8:D8   D．A8#D8

10. Excel 2013在默认状态下有（　　　）张工作表。

    A．1   B．3   C4   D．2

11. 如果需要选择A3:D8，不正确的操作是（　　　）。

    A．单击A3，再按住Shift键单击D8

    B．单击A3，再按住Ctrl键单击D8

    C．在名称框中输入A3:D8

    D．从单元格A3向下方斜拖到单元格D8

12. 对于分类汇总的取消操作，以下正确的是（　　　）。

    A．按DELETE键

    B．执行"编辑/删除"命令

    C．在分类汇总对话框中单击"全部删除"按钮

    D．以上都不对

13. 在Excel 2013中，B2 = C3 + D4；当公式被复制到B3单元格，这时以下正确的是（　　　）。

    A．B3 + D4   B．C4 + D5   C．C3 + D4   D．B4 + C5

14. 在Excel 2013中，当前活动的工作表（　　　）。

    A．可以有一个以上   B．有且仅有一个

    C．可以有一个以上   D．至少有一个

15. 以下有关描述不正确的是（　　　）。

    A．输入的数据长会自动以科学计数法表示

    B．A9就是位于第一列第九行相交叉的单元格

    C．显示什么数都可以进行计算

    D．计算以输入数值而非显示数值为准

16. 通过进行分类汇总时，一般首先要进行（　　　）操作。

A．筛选　　　　　　B．排序　　　　　　C．分类　　　　　　D．整理

17. 在 Excel2013 中，以下正确表示 if 函数的是（　　　）。

A．if（H3>60，"及格"，"不及格"）

B．（H3>60，及格，不及格）

C．if（H3>60，"及格"，不及格）

D．if（"平均分">60，"及格"，"不及格"）

18. 绝对地址引用在公式复制中目标公式会（　　　）。

A．变化　　　　　　B．不变　　　　　　C．列变　　　　　　D．行变

19. 下列不属于 Excel 函数的是（　　　）。

A．MAX　　　　　　B．COUNT　　　　　C．AVERAGE　　　　D．AND

20. 已知 A5:A9 输入数据 2，7，8，5，3，函数 AVERAGER(A5:A9) =（　　　）。

A．3　　　　　　　B．4　　　　　　　C．5　　　　　　　D．6

第四节　PowerPoint 2013 演示文稿软件

1. 在空白幻灯片中不可以直接插入（　　　）。

A．文本框　　　　　B．文字　　　　　　C．艺术字　　　　　D．Word 表格

2. 在（　　　）视图中可以对幻灯片进行移动、复制操作。

A．幻灯片　　　　　B．幻灯片浏览　　　C．备注页　　　　　D．幻灯片放映

3. 在 PowerPoint 2013 中，有关母版标题样式的描述不正确的选项是（　　　）。

A．母版标题样式可以在幻灯片编辑时修改

B．母版标题样式可进入幻灯片母版重新设置

C．母版标题样式不能在幻灯片编辑时修改

D．设置好的母版标题样式将成为幻灯片的默认标题样式

4. 在幻灯片放映中，要回到上一张幻灯片，错误的操作是（　　　）。

A．按 P 键　　　　　B．按 PageUp 键　　C．按 BackSpace 键　D．按空格键

5. 在幻灯片浏览视图下，不能完成的操作是（　　　）。

A．复制幻灯片　　　　　　　　　　B．移动幻灯片

C．删除幻灯片　　　　　　　　　　D．修改幻灯片内容

6. 在（　　　）视图中不能对幻灯片中的内容进行编辑。

A．大纲　　　　　　B．幻灯片　　　　　C．幻灯片放映　　　D．备注页

7. 在演示文稿中，可以插入（　　　）。

A．声音　　　　　　B．图片　　　　　　C．图像　　　　　　D．以上都对

8. 在 PowerPoint 2013 中，可以在（　　　）中改变幻灯片的顺序。

A．幻灯片普通视图　　　　　　　　B．幻灯片大纲视图

C．幻灯片浏览视图　　　　　　　　D．幻灯片备注页

9. 要停止正在放映的幻灯片，只要使用键盘命令（　　　）即可。

A．Ctrl + X　　　　B．Ctrl + Q　　　　C．Esc　　　　　　D．Alt

10. 新建一个演示文稿时，第一张幻灯片的默认版式是（　　　）。

    A．节标题   B．空白   C．仅标题   D．标题幻灯片

11. 如果要从第三张幻灯片跳转到第八张幻灯片，应通过幻灯片的（   ）来实现。

    A．超级链接   B．预设动画   C．幻灯片切换   D．自定义动画

12. 从幻灯片的放映状态切换回编辑状态，应使用（   ）键。

    A．F5   B．Esc   C．Ctrl +Alt   D．Tab

13. 一份演示文稿就是一个 PowerPoint 2013 文件，其扩展名为（   ）。

    A．txt   B．docx   C．pptx   D．xlsx

14. 新建一个演示文稿，使用（   ）组合键保存为 pptx 文件。

    A．Ctrl + x   B．Ctrl + v   C．Ctrl + s   D．Alt + s

15. 在幻灯片浏览视图中，选择要删除的幻灯片按（   ）键。

    A．Delete   B．Space   C．Shift   D．Esc

16. 下列对幻灯片母版叙述错误的是（   ）。

    A．幻灯片母版是所有幻灯片的底版

    B．在幻灯片母版中可以设置所有幻灯片的标题格式

    C．在幻灯片母版中不能插入图片

    D．在幻灯片母版中可以插入艺术字

17. 下列对演示文稿中的超链接叙述错误的是（   ）。

    A．可以超链接网址   B．可以超链接文件

    C．可以超链接幻灯片   D．以上说法都不对

18. 在幻灯片中要想改变幻灯片中对象播放顺序可以使用（   ）。

    A．动画效果   B．幻灯片切换   C．超链接   D．母版

19. 对演示文稿的放映说法错误的是（   ）。

    A．可以设置循环放映   B．可以指定幻灯片播放的数量

    C．放映时可以加动画   D．放映时不能加旁白

20. 使用（   ）可以将标题幻灯片改为节标题幻灯片。

    A．插入幻灯片   B．更改幻灯片版式

    C．删除幻灯片   D．复制幻灯片

第五节　Visio 2013 流程图绘制软件

1. Visio 文档的后缀名是（   ）。

    A．.docx   B．.vsdx

    C．.vstx   D．.xlsx

2. 在 Visio 2013 中添加形状的方法有（   ）种。

    A．2   B．3

    C．4   D．5

3. 在 Visio 的"字体"对话框中，没有包含的选项卡是（   ）。

    A．字体   B．字符

    C．段落   D．行距

4. 下面插入图片的方法，正确的是（　　　）。

　　A. 单击"插入"选项卡，在"插图"中选择"图片"

　　B. 单击"设计"选项卡，在"背景"组中设置

　　C. 单击"开始"选项卡，在"形状样式"组中选择"填充"

　　D. 以上都不对

5. 在 Visio 2013 中，创建图表的方法，不正确的是（　　　）。

　　A. 单击"插入"选项卡，选择"插图"功能区中的"图表"按钮

　　B. 用户可以将已保存好的 Excel 图表直接粘贴到 Visio 的绘图区

　　C. 在"数据"选项卡下，单击"将数据链接到形状"命令

　　D. 以上都对

6. "另存为"选项卡位于（　　　）。

　　A. "插入"选项卡中　　　　　　　　　B. "文件"下拉菜单中

　　C. "开始"选项卡中　　　　　　　　　D. "页面布局"选项卡中

7. 下列说法不正确的是（　　　）。

　　A. 关闭文档时只需直接单击文档窗口右上角的"关闭"按钮即可

　　B. 打开一个已经存在的 Visio 文档可以直接双击该图标

　　C. 可以先启动 Visio 2013 软件，然后在打开 Visio 文档

　　D. 在"打开"对话框中必须要选择相应的文件类型

8. 在"打开"对话框中，默认选择的"文件类型"应该是（　　　）。

　　A. 所有 Visio 文件

　　B. 所有文件

　　C. Windows 位图

　　D. 适当的文件类型

9. 要改变所画图形的填充颜色，下面操作正确的是（　　　）。

　　A. 选定图形，单击"开始/形状样式/填充"

　　B. 选定图形，单击"开始/编辑/更改形状"

　　C. 选定图形，单击"设计/背景/背景"

　　D. 以上都不对

10. 复制和粘贴按钮位于"开始"选项卡中（　　　）。

　　A. "剪贴板"组　　B. "粘贴"组　　　C. "编辑"组　　　　D. "剪切"组

11. 单击"设计"选项卡，在"背景"功能区中，包括两个子功能是（　　　）。

　　A. "背景"和"边框和标题"　　　　　B. "背景"和"标题"

　　C. "背景"和"边框"　　　　　　　　D. "背景"和"标题和文本"

12. Visio 2013 自带（　　　）种主题供用户选择。

　　A. 25　　　　　　　B. 26　　　　　　C. 27　　　　　　D. 28

13. "页面设置"在（　　　）选项卡下。

　　A. "开始"　　　　　B. "设计"　　　　C. "数据"　　　　D. "视图"

14. 通过"设计"选项卡中"背景"组"边框和标题"命令，可以向页眉页脚中输入哪些内容？（　　　）

　　A. 页码　　　　　　B. 标题　　　　　C. 时间　　　　　D. 以上都是

15. 要想对齐所画形状，下面的操作哪一个是正确的？（   ）

    A．选择"开始/排列/自动对齐"

    B．单击"工具"中的"指针工具"，单击鼠标选中所有需要对齐的形状

    C．选择主形状（第一个选中的形状即是主形状，其他形状要与之对齐），然后按住Shift 键并单击要与之对齐的其他形状

    D．以上都对

16. 在当前绘图区中若插入图片，应选择（   ）。

    A．"插入/插图/图片"命令   B．"插入/图部件/容器"命令

    C．"设计/页面设计"命令   C．"文件"菜单中的"新建"命令

17. 增加新绘图页的方法，下面哪个是正确的？（   ）

    A．为增加新的绘图页，可在绘图窗口下方的"页面标签"上单击鼠标右键，在快捷菜单中单击"插入页"命令

    B．单击"插入/页面/新建页"命令

    C．单击"文件/新建"命令

    D．以上都不对

18. Visio 2013 的界面区域中，下面不包括的是（   ）。

    A．快速访问工具栏   B．文件菜单

    C．绘图区   D．设计区

19. 在"绘图区"添加形状，下面说法错误的是（   ）。

    A．可以通过各种模具的方式进行添加

    B．可以通过手工绘图的方式添加

    C．不能通过手工绘图的方式添加

    D．可以对已经添加的图形进行旋转

20. 连接图形时，下面说法错误的是（   ）。

    A．在"开始"选项卡上的"工具"组中，单击"连接线"

    B．通过自动连接方式连接形状

    C．连接线只能是直线

    D．可以对连接线进行旋转

第六节   计算机网络和信息安全

1. 根据域名代码规定，表示教育机构网站的域名代码是（   ）。

    A．net   B．com   C．edu   D．org

2. 随着 Ineternet 的发展，越来越多的计算机感染病毒的可能途径之一是（   ）。

    A．从键盘上输入数据

    B．通过电源线

    C．所有使用的光盘表面不清洁

    D．通过 Internet 的 E-mail，在电子邮件的信息中

3. 计算机网络的目标是实现（   ）。

A．数据处理　　　　　　　　　　B．文献检索

C．资源共享和信息传输　　　　　D．信息传输

4．在 Internet 中完成从域名到 IP 地址或者从 IP 地址到域名转换的是（　　　）。

A．DNS　　　　　B．FTP　　　　　C．WWW　　　　　D．ADSL

5．若要将计算机与局域网连接，则至少需要具有的硬件是（　　　）。

A．集线器　　　　B．网关　　　　C．网卡　　　　　D．路由器

6．下列 4 种表示方法中，用来表示计算机局域网的是（　　　）。

A．LAN　　　　　B．MAN　　　　C．WWW　　　　　D．WAN

7．根据域名代码规定，GOV 代表（　　　）。

A．教育机构　　　B．网络支持中心　C．商业机构　　　D．政府部门

8．某人的电子邮件到达时，若他的计算机没有开机，则邮件（　　　）。

A．退回给发件人　　　　　　　　B．开机时对方重发

C．该邮件丢失　　　　　　　　　D．存放在服务商的 E-mail 服务器

9．计算机网络分为局域网、城域网和广域网，其区分的依据是（　　　）。

A．数据传输所有的介质

B．网络覆盖的地理范围

C．网络的控制方式

D．网络的拓扑结构

10．不属于 TCP/IP 参考模型中的层次是（　　　）。

A．应用层　　　　B．传输层　　　C．会话层　　　　D．互联层

11．实现局域网与广域网互联的主要设备是（　　　）。

A．交换机　　　　B．集线器　　　C．网桥　　　　　D．路由器

12．下列各项中，不能作为 IP 地址的是（　　　）。

A．10.2.8.112　　　　　　　　　B．202.205.17.33

C．222.234.256.240　　　　　　D．159.225.0.1

13．在下列网络的传输介质中，抗干扰能力最好的一个是（　　　）。

A．光缆　　　　　B．同轴电缆　　C．双绞线　　　　D．电话线

14．Internet 实现了分布在世界各地的各类网络的互联，其最基础和核心的协议是（　　　）。

A．HTTP　　　　　B．TCP/IP　　　C．HTML　　　　　D．FTP

15．WWW 中的超文本是指（　　　）。

A．包含图片的文档　　　　　　　B．包含链接的对象

C．包含多种文本的文档　　　　　D．包含动画的对象

16．不同计算机或网络之间通信，必须（　　　）。

A．安装相同的操作系统　　　　　B．使用有线介质

C．使用相同的协议　　　　　　　D．使用相同的连网设备

17．以下关于网络的说法，错误的是（　　　）。

A．网络是由不同的计算机通过通信设备与传输媒体连接而成

B．网络的功能体现在信息交换、资源共享和分布式处理

C．网络中可以没有服务器

D．OSI 参考模型把网络通信功能分成七层表示

18. 计算机网络的目的是（　　　）。

    A．网上计算机之间通信   B．计算机之间互通信息并连上 Internet

    C．广域网与局域网连接   D．计算机之间硬件和软件资源的共享

19. 在计算机网络中，通常把提供并管理共享资源的计算机称为（　　　）。

    A．服务器   B．工作站   C．网关   D．网桥

20. IP 地址 79.120.20.1 是（　　　）。

    A．A 类地址   B．B 类地址   C．C 类地址   D．D 类地址

21. 一般在因特网中域名依次表示的含义是（　　　）。

    A．用户名，主机名，机构名，最高层域名

    B．用户名，单位名，机构名，最高层域名

    C．主机名，网络名，机构名，最高层域名

    D．网络名，主机名，机构名，最高层域名

22. 已知用户名为 yh，而开户的邮件服务器名为 publi(c).cs.hn.cn，在 Internet 中相应的 E-mail 地址为（　　　）。

    A．yh@publi(c).cs.hn.cn   B．@yh.publi(c).cs.hn.cn

    C．yh.publi(c).cs.hn.cn   D．publi(c).cs.hn.cn@yh

23. 邮件 "yyy@hainan.org.cn" 的用户名是（　　　）。

    A．yyy   B．hainan   C．org   D．cn

24. 因特网中 IP 地址是由（　　　）表示。

    A．4 组十进制码   B．4 组英文字符串

    C．4 组二进制码   D．4 组不同含义的数字、字符

25. 以下说法中，正确的是（　　　）。

    A．域名服务器（DNS）中存放 Internet 主机的 IP 地址

    B．域名服务器（DNS）中存放 Internet 主机的域名邮箱

    C．域名服务器（DNS）中存放 Internet 主机域名与 IP 地址的对照表

    D．域名服务器（DNS）中存放 Internet 主机的电子邮箱的地址

第七节　多媒体技术基础知识

1. 在 JPEG 格式的图片中包含了（　　　）。

    A．路径   B．透明背景   C．动画   D．图像尺寸

2. 以下（　　　）不属于图层的类型。

    A．纯色   B．渐变   C．色阶   D．图案

3. 在 Photoshop 中，以下不属于通道颜色的是（　　　）。

    A．灰色   B．绿色   C．红色   D．蓝色

4. 在 Flash 动画制作中，一般默认帧速选择为（　　　）帧/秒。

    A．30   B．24   C．12   D．90

5. 在 Flash 动画发布影片后，一般默认的声音以（　　　）输出。

    A．MP3   B．WAV   C．VIOC   D．MIDI

6. 下列关于 Audition 效果工具的说法中，正确的是（　　）。

　　A．表示偏移，通过上移或下移所选的波形来校正或移除波形中的 DC 偏移

　　B．用于调节音调，方便基于音阶的调整和精确到半音程的调整

　　C．表示参数均衡器，是使用参数来调节的一个非常灵活的均衡器

　　D．表示声像，带来声音左、右摇曳的动态听觉效果

7. 以下 Premiere 软件的描述，（　　）是正确的。

　　①Premiere 软件与 Photoshop 软件是一家公司的产品

　　②Premiere 可以将多种媒体数据综合集成为一个视频文件

　　③Premiere 具有多种活动图像的特技处理功能

　　④Premiere 是一个专业化的动画与数字视频处理软件

　　A．①③　　　　　　B．②④　　　　　　C．①②③　　　　　　D．全部

8. 全动画一般按照每秒（　　）幅画面制作。

　　A．24　　　　　　B．6　　　　　　C．12　　　　　　D．60

9. 视频文件主要的存储格式不包括（　　）。

　　A．AVI 格式　　　　B．JPEG 格式　　　C．流式视频格式　　D．MOV 格式

10. Audition 不能支持的文件格式有（　　）。

　　A．WAV　　　　　　B．MP3　　　　　　C．VOC　　　　　　D．JPEG

11. 在 Flash 动画中，对帧频率正确的描述是（　　）。

　　A．每小时显示的帧数　　　　　　　　B．每分钟显示的帧数

　　C．每秒钟显示的帧数　　　　　　　　D．以上都不对

12. 用来延续关键帧的内容的帧称为（　　）。

　　A．空白关键帧　　B．普通帧　　　　C．关键帧　　　　　D．延续帧

13. Flash 处理的是（　　）动画。

　　A．矢量图　　　　B．位图　　　　　C．平面图　　　　　D．立体图

14. 位图与矢量图相比，可以看出（　　）区别。

　　A．位图比矢量图占用空间更少

　　B．位图与矢量图占用空间相同

　　C．对于复杂图形，位图比矢量图画对象更快

　　D．对于复杂图形，位图比矢量图画对象更慢

15. Photoshop 没有的功能是（　　）。

　　A．扫描图像　　　B．色彩调整　　　C．视频采集　　　　D．通道

16. （　　）不是 Premiere 中的窗口。

　　A．项目窗口　　　B．素材窗口　　　C．标题窗口　　　　D．命令行窗口

17. Flash 中，通过"插入"菜单可以创建（　　）种元件对象。

　　A．2　　　　　　　B．3　　　　　　　C．4　　　　　　　D．5

18. 以下软件中不属于多媒体开发的基本软件的是（　　）。

　　A．画图和绘图软件　　　　　　　　　B．音频编辑软件

　　C．图像编辑软件　　　　　　　　　　D．项目管理软件

19. Photoshop 的编辑文件的扩展名是（　　）。

　　A．png　　　　　　B．psd　　　　　　C．rgb　　　　　　D．pds

20. 半动画按照每秒（　　　）幅画面制作。

    A. 6　　　　　　　　B. 3　　　　　　　　C. 4　　　　　　　　D. 1

第八节　数据库基础

1. 关系数据库是数据库额集合，其理论基础是（　　　）。

    A. 数据表　　　　　B. 关系模型　　　C. 数据模型　　　　D. 关系代数

2. 在关系型数据库中，"一对多"的含义是（　　　）。

    A. 一个数据库可以有多个表

    B. 一个表可以有多条记录

    C. 一条记录可以有多个字段

    D. 一条记录可以与另一个表中的多条记录无关

3. 若某字段设置的输入掩码为"####-######"，则下列输入数据中，正确的是（　　　）。

    A. 0755-123456　　B. 0755-adcdef　　C. abcd-123456　　D. ####-######

4. 若 Access 数据库的一张表中有多条记录，则下列输入数据中，正确的是（　　　）。

    A. 记录前后顺序可以任意颠倒，不影响表中的数据关系

    B. 记录前后顺序不可以任意颠倒，要按照输入的顺序排列

    C. 记录前后顺序可以任意颠倒，排列顺序不同，统计结果可能不同

    D. 记录前后顺序可以任意颠倒，一定要按照关键字段值得顺序排列

5. 下列关于主键字的说法中，错误的是（　　　）。

    A. 使用自动编号是创建主关键字的简单方法

    B. 作为主关键字的字段不允许出现 Null 值

    C. 作为主关键字的字段不允许出现重复值

    D. 可将两个或更多字段组合作为主关键字

6. 在筛选时，不需要输入筛选规则的方法是（　　　）。

    A. 高级筛选　　　　　　　　　　B. 按窗体筛选

    C. 按选定内容筛选　　　　　　　D. 输入筛选目标筛选

7. 可以改变窗体外观的是（　　　）。

    A. 矩形　　　　　　B. 标签　　　　　C. 按钮　　　　　　D. 属性

8. SQL 查询命令的结构是（　　　）。

    A. SELECT　　　　　B. WHERE　　　　C. HAVING　　　D. ORDER BY

9. 设定的控件事情发生时可执行预先设置好的代码，决定事件发生时执行代码的是（　　　）。

    A. 控件的属性　　　　　　　　　B. 控件的事件过程

    C. 控件的焦点　　　　　　　　　D. 通用过程

10. 下列关于 MsgBox 语法的描述中，正确的是（　　　）。

    A. MsgBox（提示信息[, 标题][, 按钮信息]）

    B. MsgBox（提示信息[, 按钮类型][, 按钮信息]）

    C. MsgBox（提示信息[, 按钮信息][, 按钮类型]）

    D. B. MsgBox（提示信息[, 按钮类型][, 标题]）

11. 宏操作 SetValue 的功能是（　　　）。

　　A．刷新控件数据　　　　　　　　B．设置表中字段的值

　　C．刷新当前系统的时间　　　　　　D．设置窗体或报表控件的属性

12. 若变量 a 的内容为"计算机软件工程师"，变量 b 的内容是"数据库管理员"，下列表达式中，结果为"数据工程师"的是（　　　）。

　　A．Mid(b,1,3)+ Mid(a,1,3)　　　　B．Left(b,3) + Right(a,3)

　　C．Mid(b,3)-Mid(a,3)　　　　　　D．Left(b,3)-Right(a,3)

13. 在 VBA 中，若要退出 Do While...Loop 循环执行 loop 之后的语句，应该使用的语句是（　　　）。

　　A．Exit　　　　　　B．Exit Do　　　　C．Exit While　　　　D．Exit Loop

14. 删除字符串前导和尾部空格的函数是（　　　）。

　　A．Ltrim　　　　　B．Rtim　　　　　C．Trim　　　　　D．Space

15. 在 VBA 表达式中，"&"运算符的含义是（　　　）。

　　A．文本连接　　　　B．文本注释　　　C．相乘　　　　　D．取余

16. 下列关于函数 Nz（表达式或字段属性值）的叙述中，错误的是（　　　）。

　　A．如果"表达式"为数值型且值为 Null，则返回值为 0

　　B．如果"字段属性值"为数值型且值为 Null，则返回值为 0

　　C．如果"表达式"为数值型且值为 Null，则返回值为空字符串

　　D．如果"字段属性值"为字符型且值为 Null，则返回值为 Null

17. 下列关于 VBA 子过程和函数过程中叙述中，正确的是（　　　）。

　　A．子过程没有返回值，函数过程有返回值

　　B．子过程没有返回值，函数过程有返回值

　　C．子过程和函数过程都可以有返回值

　　D．子过程和函数过程都没有返回值

18. VBA 构成对象的三要素是（　　　）。

　　A．属性、事件、方法　　　　　　　B．控件、属性、事件

　　C．窗体、控件、过程　　　　　　　D．窗体、控件、模块

19. 能对顺序文件输出的语句是（　　　）。

　　A．Put　　　　　　B．Get　　　　　C．Weit　　　　　D．Read

20. ADO 对象模型中可以打开并返回 RecordSet 对象的是（　　　）。

　　A．只能是 Connrction 对象

　　B．只能是 Command 对象

　　C．只能是 Connrction 对象和 Command 对象

　　D．可以是所需要的对象

第一节　Windows 7 操作系统

1. A	2. C	3. B	4. C	5. D	6. A	7. C	8. C	9. D	10. C
11. A	12. D	13. B	14. B	15. C	16. A	17. A	18. D	19. B	20. D

第二节　Office Word 2013 文字处理软件

1. A	2. C	3. C	4. A	5. C	6. C	7. A	8. A	9. B	10. D
11. A	12. B	13. A	14. B	15. B	16. A	17. A	18. A	19. C	20. D

第三节　Excel 2013 电子表格软件

1. D	2. B	3. B	4. C	5. D	6. B	7. C	8. A	9. C	10. A
11. B	12. C	13. B	14. B	15. C	16. B	17. A	18. B	19. D	20. C

第四节　PowerPoint 2013 演示文稿软件

1. B	2. B	3. A	4. D	5. D	6. C	7. D	8. A	9. C	10. D
11. A	12. B	13. C	14. C	15. A	16. C	17. D	18. C	19. D	20. B

第五节　Visio 2013 流程图绘制软件

1. B	2. B	3. D	4. A	5. D	6. C	7. A	8. A	9. A	10. A
11. A	12. B	13. B	14. D	15. D	16. A	17. B	18. A	19. C	20. C

第六节　计算机网络和信息安全

1. C	2. D	3. C	4. A	5. C	6. A	7. D	8. D	9. B	10. C
11. D	12. C	13. A	14. B	15. B	16. C	17. B	18. D	19. A	20. A
21. C	22. A	23. A	24. A	25. C					

第七节　多媒体技术基础知识

1. D	2. C	3. A	4. B	5. A	6. C	7. D	8. A	9. B	10. D
11. C	12. B	13. A	14. B	15. C	16. A	17. B	18. D	19. B	20. A

第八节　数据库基础

1. B	2. D	3. A	4. A	5. B	6. C	7. D	8. B	9. B	10. D
11. D	12. B	13. B	14. C	15. A	16. A	17. A	18. A	19. C	20. A